身《み》近《ぢか》な石《いし》を
おもいっきり
楽《たの》しむ図《ず》鑑《かん》

柴《しは》山《やま》元《もと》彦《ひこ》
監修《かんしゅう》

ナツメ社

はじめに

わたしたちが生活《せいかつ》している身《み》のまわりを見《み》てみると、意外《いがい》にも多《おお》くの場所《ばしょ》で石《いし》を見《み》つけることができます。それはあまりにも多《おお》くあるために、意識《いしき》をしないと気《き》づかなくなっています。

学校《がっこう》や帰《かえ》り道《みち》にある建物《たてもの》や石垣《いしがき》など、いたるところにたくさんの石《いし》が使《つか》われています。石《いし》なしではわたしたちの生活《せいかつ》は成《な》り立《た》たないくらいになっているのです。また、川原《かわら》や山《やま》でももちろん多《おお》くの石《いし》を見《み》つけることができるでしょう。

もし道《みち》ばたの石《いし》を拾《ひろ》ってポケットに入《い》れたことがあるとすれば、

あなたは今《いま》、石《いし》の世界《せかい》の入《い》り口《ぐち》にいます。あなたが手《て》に取《と》ったいくつかの石《いし》は、形《かたち》、色《いろ》や手《て》ざわりなどいずれも個性《こせい》があり、みなちがう表情《ひょうじょう》をしているでしょう。しかし、たくさんの石《いし》をよく見《み》てみると、共通点《きょうつうてん》も見《み》つかってきます。それを知《し》ることで石《いし》の種類《しゅるい》がわかり、でき方《かた》を想像《そうぞう》できることがあります。それには少《すこ》し知識《ちしき》がいります。

この本《ほん》はこのようなときに役立《やくだ》つように、石《いし》に関《かん》するさまざまな情報《じょうほう》を集《あつ》めて解説《かいせつ》しています。これらの知識《ちしき》を知《し》ってからもう一度《いちど》石《いし》を見《み》てみると、今《いま》まで気《き》づかなかったことが石《いし》からわかるようになり、さらに石《いし》への興味《きょうみ》が深《ふか》まっていきます。そしてあなたは石《いし》からいろいろなことを聞《き》き出《だ》していくことができるようになるでしょう。さあ、石《いし》の世界《せかい》へ入《はい》ってみましょう。

柴山元彦《しばやまもとひこ》

もくじ

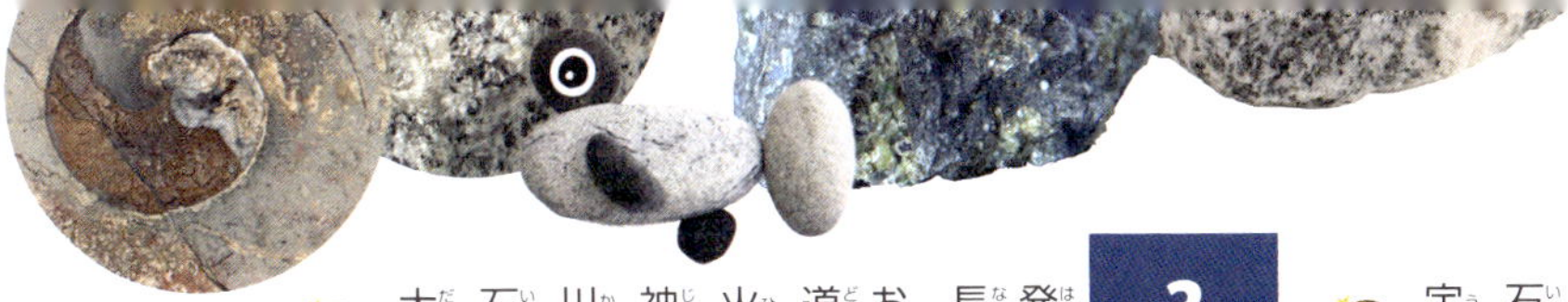

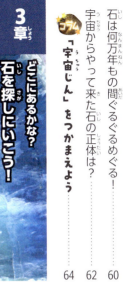

石《いし》を楽《たの》しもう!

石《いし》を集《あつ》めたり観察《かんさつ》したりするために用意《ようい》したほうがいいものを紹介《しょうかい》します。

石《いし》を探《さが》しに行《い》くときの服装《ふくそう》

ぼうしまたはヘルメット
石《いし》は野外《やがい》にあることが多《おお》いので、日《ひ》よけと頭《あたま》を守《まも》るためにかぶっておこう。

長《なが》そでと長《なが》ズボン
草《くさ》むらをかき分《わ》けたり、斜面《しゃめん》を登《のぼ》ったりすることもあるので、夏《なつ》でも長《なが》そでと長《なが》ズボンを着《き》ておこう。

保護《ほご》めがねやゴーグル
石《いし》をハンマーでたたくときには、必《かなら》ずかけておこう。

軍手《ぐんて》
手《て》をけがしないために、軍手《ぐんて》をはめよう。

水筒《すいとう》
水分補給《すいぶんほきゅう》のほか、土《つち》がついた石《いし》を洗《あら》うこともできるので、水《みず》があると安心《あんしん》。

くつ
足首《あしくび》を守《まも》れる登山用《とざんよう》のくつがおすすめ。川《かわ》や海《うみ》のそばに行《い》くときは、長《なが》ぐつやウォーターシューズをはこう。

※タオルを何枚《なんまい》か持《も》っていこう。1枚《まい》は首《くび》に巻《ま》いておくと安全《あんぜん》!

もじゃもじゃ博士《はかせ》
石《いし》のことにとってもくわしい博士《はかせ》。いろいろな豆知識《まめちしき》を教《おし》えてくれる。

そうだね、両手《りょうて》が自由《じゆう》になるからね

かばんはリュックサックがいいんだよね?

石田《いしだ》くん
石《いし》のことにちょっとくわしい男《おとこ》の子《こ》。

どんな石《いし》に出合《であ》えるかな~

山田《やまだ》くん
自分《じぶん》のことを「石《いし》にくわしいストーンマンだ!」と思《おも》っているが、じつはそうでもない。

持《も》っていくと便利《べんり》なもの

ペンとメモ帳《ちょう》

探《さが》しに行《い》った場所《ばしょ》のことをメモしておく。油性《ゆせい》ペンを持《も》っていくと便利《べんり》。

スマートフォンやデジタルカメラ

石《いし》を持《も》ち帰《かえ》れないこともあるので、写真《しゃしん》に残《のこ》しておこう。スマートフォン用《よう》の「マイクロスコープ」やハンディ顕微鏡《けんびきょう》もおすすめ。

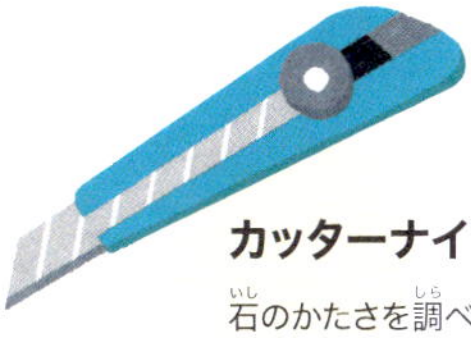

カッターナイフ

石《いし》のかたさを調《しら》べるときに使《つか》う。

ルーペ

石《いし》に入《はい》っている鉱物《こうぶつ》を調《しら》べるときに使《つか》う。
※ルーペで太陽《たいよう》を見《み》ないこと！

まきじゃく

石《いし》の大《おお》きさをはかるときに使《つか》う。

ハンマー

石《いし》の中《なか》を見《み》るときや、石《いし》の大《おお》きさをそろえるときに使《つか》う。「コンクリートはつりハンマー」がおすすめ。

ポリ袋《ふくろ》

石《いし》を持《も》ち帰《かえ》るときや、ぬれたものを入《い》れるために使《つか》う。

たがね

岩《いわ》のすき間《ま》にあてて、ハンマーでたたいて割《わ》る。

新聞紙《しんぶんし》

石《いし》をつつんで持《も》ち帰《かえ》ると、荷物《にもつ》がよごれない。

※ほかに、地図《ちず》や地形図《ちけいず》があると便利《べんり》です。

こんなことに注意《ちゅうい》しよう！

注意《ちゅうい》 マナーを守《まも》ろう！

石《いし》をたたいたり割《わ》ったりするのは、環境《かんきょう》を配慮《はいりょ》して、最低限《さいていげん》にしよう。

注意《ちゅうい》 天気《てんき》の変化《へんか》に注意《ちゅうい》を！

行《い》く場所《ばしょ》の気象情報《きしょうじょうほう》を必《かなら》ずチェックしよう。雨《あめ》が降《ふ》ってきたらすぐに移動《いどう》するなど、天気《てんき》に気《き》を配《くば》ろう。雨具《あまぐ》も忘《わす》れずに！

注意《ちゅうい》 危険《きけん》な生《い》き物《もの》がいるかもしれない！

緑《みどり》の多《おお》い場所《ばしょ》には、ハチやヘビなど危険《きけん》な生《い》き物《もの》がいるので、気《き》をつけよう。服《ふく》のすき間《ま》から入《はい》ってくるものもいるので、肌《はだ》を出《だ》さないようにしよう。

注意《ちゅうい》 川《かわ》に入《はい》るときはとくに気《き》をつけて!!

水《みず》にぬれても大丈夫《だいじょうぶ》な服装《ふくそう》をしておこう。川《かわ》の上流《じょうりゅう》で雨《あめ》が降《ふ》ると急《きゅう》に増水《ぞうすい》することもあるので、まわりのようすに気《き》を配《くば》ろう。

1章《しょう》

見《み》て！さわって！石《いし》を楽《たの》しもう！

1章《しょう》 石《いし》を楽《たの》しもう！

石《いし》、見《み》～つけた！

⑦
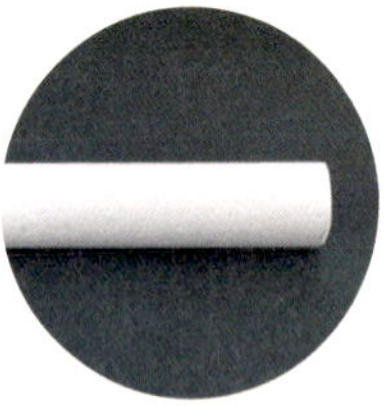

①

④

⑧

②

⑤

③

⑨

⑥

みなさんは日《ひ》ごろから、近所《きんじょ》の公園《こうえん》や庭《にわ》、雑木林《ぞうきばやし》、川原《かわら》、海《かい》岸《がん》など、さまざまな場所《ばしょ》で石《いし》を見《み》かけていますよね。

石《いし》とひと言《こと》で言《い》っても、色《いろ》やもようがちがっていたり、表面《ひょうめん》がでこぼこしていたり、つるんとしていたりとさまざまです。

なぜいろいろな石《いし》があるのでしょう。また、そもそも石《いし》ってどうやってできたのでしょうか。石《いし》についていろいろ知《し》りたくなってきませんか？

まずは、身近《みぢか》な石《いし》を手《て》に取《と》って、さわったりじっくり観察《かんさつ》したりしてみましょう。

⑰

⑭

⑩

⑱

⑮

⑪

⑫

⑲

⑯

⑳

⑬

★上《うえ》の写真《しゃしん》の中《なか》に「石《いし》」はいくつあるでしょうか？ じっくり見《み》て、どれが石《いし》か当《あ》ててみましょう。

【答《こた》え】
①コンクリートのかけら　②**石《いし》（緑色凝灰岩《りょくしょくぎょうかいがん》）**　③サンゴ　④シーグラス　⑤レンガのかけら　⑥サザエのふた　⑦チョーク　⑧**石《いし》（花《か》こう岩《がん》）**　⑨植木鉢《うえきばち》のかけら　⑩**石《いし》（石英《せきえい》など）**　⑪土器《どき》のかけら　⑫**石《いし》（チャート）**　⑬かわらのかけら　⑭陶器《とうき》のかけら　⑮**石《いし》（玄武岩《げんぶがん》）**　⑯木《き》の実《み》　⑰くぎ　⑱ボタン　⑲磁石《じしゃく》　⑳**石《いし》（砂岩《さがん》）**

石《いし》の色《いろ》はいろいろ

木《き》が石《いし》になった**茶色《ちゃいろ》**

（珪化木《けいかぼく》）

酸化鉄《さんかてつ》をふくんでいる**赤色《あかいろ》**

（チャート）

ほんのり**ピンク色《いろ》**

（砂岩《さがん》）

つるつるで光《ひか》る**緑色《みどりいろ》**

（蛇紋岩《じゃもんがん》）

わらびもちみたいな**白色《しろいろ》**

（玉髄《ぎょくずい》）

黒曜石《こくようせき》は流《りゅう》紋岩《もんがん》の一種《いっしゅ》だよ。

鉄分《てつぶん》がたっぷりの**黒色《くろいろ》**

（黒曜石《こくようせき》）

石《いし》って、なんとなく灰色《はいいろ》っぽいものばかりだと思《おも》っていませんか？　じつはそんなことはないのです。

石《いし》を集《あつ》めてならべてみると、うすいピンク色《いろ》だったり、うすい緑色《みどりいろ》だったりと、色《いろ》のちがいがはっきりと見《み》えてきます。

なぜ石《いし》の色《いろ》がこのようにちがうのでしょうか。それは、石《いし》の成分《せいぶん》にひみつがかくされているのです。

石《いし》の色《いろ》は、石《いし》が何《なに》でできているか、できたときにどのような影響《えいきょう》を受《う》けたのかなどによってちがってきます。つまり、石《いし》の

ねんどみたいな**うす茶色《ちゃいろ》**

（泥岩《でいがん》）

青《あお》みがかった**緑色《みどりいろ》**

グリーンタフともよばれるよ。

（緑色凝灰岩《りょくしょくぎょうかいがん》）

これぞ「石《いし》」！な**灰色《はいいろ》**

（流紋岩《りゅうもんがん》）

ごま塩《しお》みたいな**白黒《しろくろ》**

（花《か》こう岩《がん》）

とっても**濃《こ》い灰色《はいいろ》**

（玄武岩《げんぶがん》）

よく見《み》かける**茶色《ちゃいろ》**と**灰色《はいいろ》**

（安山岩《あんざんがん》）

家《いえ》のまわりでは、
なん色見《しょくみ》つけられるかな？
やってみよう！
ISHI

色《いろ》を見《み》れば、その石《いし》の成《な》り立《た》ち（成分《せいぶん》）がわかってくるということでもあるのです。

石《いし》には、生《い》き物《もの》の死《し》がいが集《あつ》まってできたものや、温泉《おんせん》の成《せい》分《ぶん》がまざってできたもの、真《ま》っ黒《くろ》や緑色《みどりいろ》など、特徴的《とくちょうてき》な色《いろ》をしているものもあります。

散歩《さんぽ》をしながら石《いし》を拾《ひろ》い集《あつ》めたら、どんな色《いろ》の石《いし》がどれくらい集《あつ》まるでしょうか。ぜひためしてみてください。

かわいていると、白《しろ》っぽい…
全体的《ぜんたいてき》にぼんやりとして白《しろ》っぽい。

石《いし》をぬらすと本当《ほんとう》の色《いろ》が出《で》てくる⁉

石《いし》は、かわいているときは全《ぜん》体的《たいてき》に白《しろ》っぽく、色《いろ》がはっきりしていないことがあります。しかしそんな石《いし》をちょっと水《みず》でぬらすだけで、あっという間《ま》にあざやかな石本来《いしほんらい》の色《いろ》があらわれます。雨《あめ》の日《ひ》に、石畳《いしだたみ》の色《いろ》が濃《こ》く見《み》えるのと同《おな》じです。公園《こうえん》の石《いし》や、水遊《みずあそ》びができる浅《あさ》い池《いけ》にしきつめられた石《いし》なども、かわいているときよりもぬれているときのほうが、石《いし》の色《いろ》がはっきり見《み》えていますよね。川原《かわら》や海《かい》岸《がん》の大《おお》きめの石《いし》を見《み》ると、水《みず》にぬれた部分《ぶぶん》だけ石《いし》の色《いろ》があざや

かに見《み》えていることもあります。拾《ひろ》った石《いし》を、水《みず》でぬらして本《ほん》当《とう》の色《いろ》を確認《かくにん》してみましょう。色《いろ》だけでなく、さまざまなもようもはっきりと見《み》えるようになりますよ。

ぬらしてみると、はっきりとしたもよう！

くぼんだ部分《ぶぶん》にも水《みず》が入《はい》りこんで、色《いろ》がはっきりと見《み》える。
表面《ひょうめん》がつやつやして見《み》える。
もようがはっきりと見《み》える。

ぬらしたら色《いろ》がはっきり見《み》えてきた

石《いし》はかせのなるほどメモ

石《いし》の色《いろ》は、表面《ひょうめん》と内側《うちがわ》でちがう！

石《いし》の色《いろ》は、表面《ひょうめん》と内側《うちがわ》でちがっています。たとえば「バラ輝石《きせき》」という石《いし》は、内側《うちがわ》は美《うつく》しいバラ色《いろ》ですが、表面《ひょうめん》が黒《くろ》くなっていることがあります。

表面《ひょうめん》
内側《うちがわ》

石《いし》のもようは石《いし》の正体《しょうたい》のヒント！

ふりかけみたいなもようがいっぱい！

花《か》こう岩《がん》

水《みず》の流《なが》れみたいなしまもよう！

流紋岩《りゅうもんがん》

さくらの花《はな》みたいなもよう！

桜石《さくらいし》（菫青石《きんせいせき》ホルンフェルス）

石《いし》をじっくり見《み》てみましょう。色《いろ》の次《つぎ》に気《き》になってくるのは、もようではないでしょうか。

石《いし》にまるでふりかけをかけたように小《ちい》さなつぶがたくさん入《はい》っていたり、生《い》き物《もの》が石《いし》の中《なか》に閉《と》じこめられているように見《み》えたり、ぼこぼこと穴《あな》があいていたりします。

いったいなぜ、このようにいろいろなもようがついているのでしょうか。

石《いし》がみなさんの身近《みぢか》なところで見《み》つけられるようになるまでには、長《なが》い旅《たび》をしてきています。

生《い》き物《もの》が入《はい》っている！

大理石《だいりせき》

アンモナイトの
化石《かせき》が入《はい》っているよ。

細《こま》かいつぶつぶがびっしり！

砂岩《さがん》

金色《きんいろ》のラメ入《い》り!?

黄銅鉱《おうどうこう》

地中《ちちゅう》の奥深《おくふか》くで何億年《なんおくねん》もの時《とき》を過《す》ごし、その間《あいだ》に石《いし》やどろ、石《いし》の近《ちか》くでくらしていた生《い》き物《もの》などが集《あつ》まってぎゅうっと圧縮《あっしゅく》されて、石《いし》ができあがっていきます。この、ぎゅうっと圧縮《あっしゅく》されたものが石《いし》のもようとなり、みなさんの目《め》の前《まえ》にあらわれているのです。

つまり、石《いし》の正体《しょうたい》の手《て》がかりのひとつが、石《いし》のもようなのです。

石《いし》の中《なか》に
入《はい》っているものが
もようをつくって
いるんだよ

水《みず》に浮《う》く石《いし》があるってホント!?

ぷかぷか浮《う》く石《いし》が
あるんだね!
どうして浮《う》くんだろう?

川《かわ》や海《うみ》、家《いえ》や学校《がっこう》などの水《すい》そうの中《なか》の石《いし》を見《み》てみましょう。石《いし》が、水《みず》の中《なか》にしずんでいますよね。このように、石《いし》は水《みず》にしずむのが当《あ》たり前《まえ》と思《おも》っていませんか?

しかし、上《うえ》の写真《しゃしん》のように、水《みず》に浮《う》く石《いし》もあるのです。では、どのような石《いし》が水《みず》に浮《う》くのでしょうか。

そこでみなさん、身近《みぢか》な石《いし》を手《て》で持《も》ってみてください。いくつか持《も》ってみると、同《おな》じくらいの大《おお》きさの石《いし》でも、重《おも》さがちがうことに気《き》がつきませんか?

石《いし》にはなぜ、重《おも》い石《いし》と軽《かる》い石《いし》があるのでしょう。それは、石《いし》の中《なか》のつくり

が関係《かんけい》しています。重《おも》い石《いし》は、なかみがぎっしりつまっています。軽《かる》い石《いし》は、なかみがすかすかなのです。

水《みず》に浮《う》く石《いし》として有名《ゆうめい》なのは、石《いし》のなかでもとくに軽《かる》い「軽石《かるいし》」です。軽《かる》石《いし》をよく見《み》ると、穴《あな》だらけです。石《いし》の内側《うちがわ》にもたくさんの穴《あな》があいています。この穴《あな》に空気《くうき》が入《はい》っているので軽《かる》くなり、水《みず》に浮《う》くのです。

軽石《かるいし》

穴《あな》があいていれば水《みず》に浮《う》くの？

石《いし》に穴《あな》があいていれば、どんな石《いし》でも水《みず》に浮《う》くというわけではありません。水《みず》に浮《う》くためには、石《いし》と水《みず》とを同《おな》じ大《おお》きさ（体積《たいせき》）にして重《おも》さをはかったときに、水《みず》よりも軽《かる》くないといけません。軽石《かるいし》は水《みず》より軽《かる》いので、ぷかぷかと水《みず》に浮《う》くのです。

石《いし》はかせのなるほどメモ

火山《かざん》の噴火《ふんか》でできた軽石《かるいし》が数千《すうせん》kmの旅《たび》！

2021年《ねん》11月《がつ》、小笠原諸島《おがさわらしょとう》の硫黄島近《いおうじまちか》くにある海底火山《かいていかざん》の福徳岡ノ場《ふくとくおかのば》で噴火《ふんか》が起《お》きました。この噴火《ふんか》によって噴《ふ》き出《だ》したマグマが大量《たいりょう》の軽石《かるいし》となって、数千《すうせん》kmも離《はな》れた沖《おき》縄《なわ》の海岸《かいがん》に流《なが》れ着《つ》き、漁業《ぎょぎょう》などに大《おお》きな影《えい》響《きょう》をもたらしました。

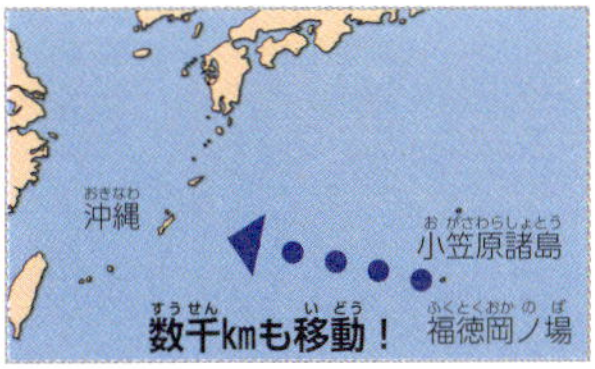

沖縄《おきなわ》の海岸《かいがん》に流《なが》れ着《つ》いた軽石《かるいし》

1章《しょう》 石《いし》を楽《たの》しもう！

磁《じ》石《しゃく》にくっつく石《いし》がある!?

川原《かわら》や海岸《かいがん》に転《ころ》がっている石《いし》に、磁石《じしゃく》を近《ちか》づけてみましょう。ピタッとくっついてくる石《いし》が見《み》つかるはずです。

磁《じ》石《しゃく》にくっつく石《いし》の多《おお》くは、地中《ちちゅう》にあるマグマがもとになってできています。たとえば玄武岩《げんぶがん》や安山岩《あんざんがん》は、地表《ちひょう》の近《ちか》くでマグマがすばやく冷《ひ》えて固《かた》まってできた石《いし》です。固《かた》まるときに、マグマにふくまれている鉱物《こうぶつ》が、鉄《てつ》のもとや酸素《さんそ》をくっつけることで磁力《じりょく》をもちます。こうして、磁石《じしゃく》にくっつく磁力《じりょく》をもった岩《いわ》ができます。この岩《いわ》が長《なが》い年月《ねんげつ》の間《あいだ》にくだけたりけずられたりして小《ちい》さくなり、磁《じ》石《しゃく》にくっつく石《いし》になったのです。

ほかにも、花《か》こう岩《がん》や斑《はん》れい岩《がん》のなか

にも磁石《じしゃく》にくっつくものがあります。これらの石《いし》は、地下《ちか》の奥深《おくふか》いところでマグマがゆっくり冷《ひ》やされて固《かた》まるときに、磁力《じりょく》のもとをくっつけてできます。
　また、本来《ほんらい》は磁石《じしゃく》にくっつかない石《いし》でも、石《いし》の中《なか》に金属《きんぞく》がふくまれていると、磁石《じしゃく》にくっつく場合《ばあい》もあります。

磁鉄鉱《じてっこう》

マグマが冷《ひ》えて固《かた》まるときに、鉄《てつ》のもとと酸素《さんそ》をくっつけてできあがった鉱物《こうぶつ》。

砂鉄《さてつ》

磁鉄鉱《じてっこう》が、長《なが》い時間《じかん》をかけて水《みず》や風《かぜ》によって細《こま》かくくだかれたもの。すでに酸素《さんそ》をふくんでいるのでさびないのが特徴《とくちょう》。

玄武岩《げんぶがん》

玄武岩《げんぶがん》のなかでも、富士山《ふじさん》の噴火《ふんか》でできた玄武岩《げんぶがん》は、磁力《じりょく》がとても強《つよ》いことがわかっている。

石《いし》はかせのなるほどメモ

落雷《らくらい》でも磁石《じしゃく》ができる！

雷《かみなり》が磁鉄鉱《じてっこう》に落《お》ちると、雷《かみなり》がもっていた磁力《じりょく》を磁鉄鉱《じてっこう》が受《う》け取《と》って、天然《てんねん》の磁石《じしゃく》ができあがります。

1章《しょう》 石《いし》を楽《たの》しもう!

石《いし》で火《ひ》をつけることができるって本当《ほんとう》?

カチ
カチ
火打《ひう》ち石《いし》
火打《ひう》ち金《かね》
おお～
火花《ひばな》が散《ち》った!!
ISHI

みなさんは「火打《ひう》ち石《いし》」という言葉《ことば》を聞《き》いたことがありますか? 明治時代《めいじじだい》にマッチが出回《でまわ》るまで、石英《せきえい》やチャートといった石《いし》が、火《ひ》をつける道具《どうぐ》「火打《ひう》ち石《いし》」として長《なが》い間使《あいだつか》われてきました。

では、なぜ石《いし》で火《ひ》がつくのでしょうか。火《ひ》をつけるときに石《いし》とセットで使《つか》われるのが「火打《ひう》ち金《がね》」とよばれる「はがね」です。石《いし》とはがねを打《う》ちつけ合《あ》うと火花《ひばな》が出《で》ます。この火花《ひばな》のもとが石《いし》なのでしょうか。いいえ、そうではありません。火打《ひう》ち石《いし》によって、はがねのほうがちぎれているのです。

火《ひ》打《う》ち石《いし》になるかたい石《いし》

チャート
四国《しこく》の大田井《おおたい》（現在《げんざい》の徳島県阿南市《とくしまけんあなんし》）で採掘《さいくつ》されたチャートは、とくに西日本《にしにほん》で火《ひ》打《う》ち石《いし》として使《つか》われることが多《おお》かった。

石英《せきえい》
関東地方《かんとうちほう》では諸沢村《もろざわむら》（現在《げんざい》の茨城県常陸太田市《いばらきけんひたちおおたし》）で採掘《さいくつ》された石英《せきえい》が「水戸《みと》火《ひ》打《う》ち石《いし》」とよばれ、江戸《えど》で使用《しよう》されていた。

石《いし》はかせのなるほどメモ

無事《ぶじ》を祈《いの》って カチカチ！

昔《むかし》は、家《いえ》の人《ひと》が出《で》かけるときに火打《ひう》ち石《いし》で「カチカチ」と音《おと》を鳴《な》らし、悪《わる》いことが起《お》きないように祈《いの》る習慣《しゅうかん》がありました。

火《ひ》打《う》ち石《いし》で火《ひ》をつける方法《ほうほう》

①火花《ひばな》を受《う》けるはぎれや木《き》のけずりくずなどの「火口《ほくち》」を用意《ようい》する。
②火口《ほくち》の上《うえ》で、火《ひ》打《う》ち石《いし》に火《ひ》打《う》ち金《がね》を何度《なんど》か打《う》ちつける。
③火花《ひばな》が火口《ほくち》に落《お》ちると、火《ひ》がつく。

ちなみに神社《じんじゃ》などでは、今《いま》でも厄払《やくばら》いの神事《しんじ》などで、火《ひ》打《う》ち石《いし》を使《つか》っていますよ。

びっくり!! 暗《くら》いところで石《いし》が光《ひか》る!?

蛍石《ほたるいし》
暗《くら》いところで紫外線《しがいせん》を当《あ》てると…

すごい！ 青《あお》くぼんやり光《ひか》っている！

石《いし》のなかには、暗《くら》いところで光《ひか》る石《いし》があります。石《いし》を熱《ねっ》したり、紫外線《しがいせん》を当《あ》てたりすると光《ひか》る石《いし》を「蛍光鉱物《けいこうこうぶつ》」といいます。

蛍光鉱物《けいこうこうぶつ》の代表選手《だいひょうせんしゅ》「蛍石《ほたるいし》」は、紫外線《しがいせん》を吸収《きゅうしゅう》する力《ちから》をもっているうえ、吸収《きゅうしゅう》した紫外線《しがいせん》を別《べつ》の光《ひかり》に変《か》えて放出《ほうしゅつ》することができます。そのため、紫外線《しがいせん》を当《あ》てると光《ひか》って見《み》えるのです。また、蛍石《ほたるいし》のなかには、熱《ねつ》を加《くわ》えると青白《あおじろ》く光《ひか》るものもあります。

しかし、同《おな》じ種類《しゅるい》の蛍光鉱物《けいこうこうぶつ》でも、石《いし》ができた地域《ちいき》や条件《じょうけん》によっては光《ひか》らないこともあります。

紫外線《しがいせん》を当《あ》てると光《ひか》る！いろいろな蛍光鉱物《けいこうこうぶつ》

方解石《ほうかいせき》

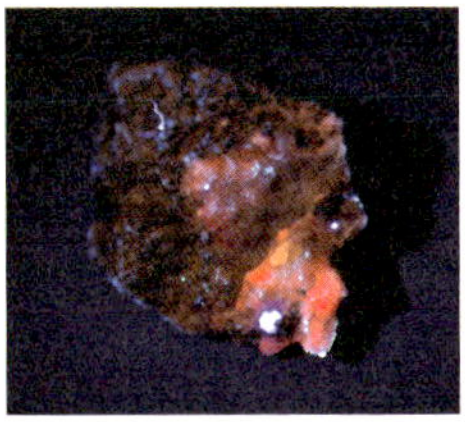

ソーダライト

オパール

クローズアップ

ブラックライトで照《て》らしてみよう

蛍石《ほたるいし》を手《て》に入《い》れたら、紫外線《しがいせん》を出《だ》すブラックライトで照《て》らしてみましょう。

用意《ようい》するもの

- 蛍石《ほたるいし》（フローライト）
- ほかの石《いし》
- ブラックライト（ホームセンターなどで入手《にゅうしゅ》できます）

①蛍石《ほたるいし》を洗《あら》ったり布《ぬの》でこすったりして、よごれを取《と》っておく。

②光《ひかり》が入《はい》ってこない場所《ばしょ》に蛍石《ほたるいし》を置《お》き、ブラックライトで照《て》らす。ほかの石《いし》も照《て》らしてみて、蛍石《ほたるいし》とのちがいを観察《かんさつ》しよう。

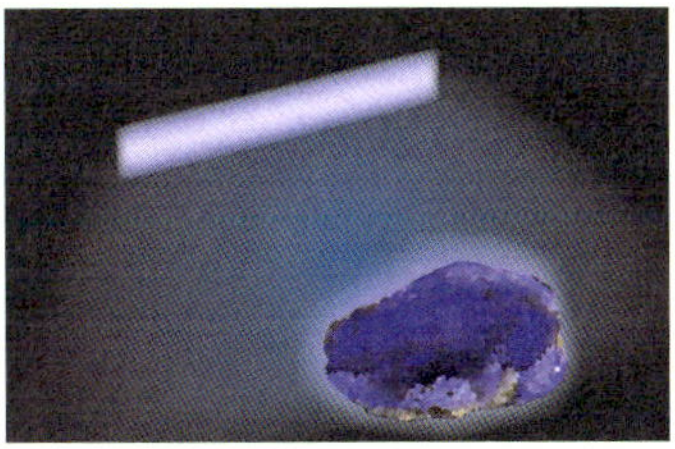

注意《ちゅうい》 紫外線《しがいせん》を直接《ちょくせつ》見《み》ると目《め》を傷《いた》めてしまうことがあります。絶対《ぜったい》に直接《ちょくせつ》見《み》ないようにしましょう。

テレビみたい!!
この石《いし》、どうなってるの？

上《うえ》の写真《しゃしん》を見《み》てください。文《も》字《じ》が浮《う》きあがって見《み》える部分《ぶぶん》がありますね。この部分《ぶぶん》にのせているものは、ガラスやレンズではありません。これも石《いし》です。

この不思議《ふしぎ》な現象《げんしょう》が、テレビの画面《がめん》に文字《もじ》や映像《えいぞう》を映《うつ》し出《だ》すようすに似《に》ていることから「テレビ石《いし》」とよばれています。

テレビ石《いし》は、ウレキサイトという鉱物《こうぶつ》です。日本語《にほんご》では「曹《そう》灰硼石《かいほうせき》」といいます。このウレキサイトのもつ特徴《とくちょう》によって、文字《もじ》が石《いし》の表面《ひょうめん》に浮《う》きあがって見《み》えているのです。

どうして文字《もじ》が浮《う》きあがって見《み》えるの？

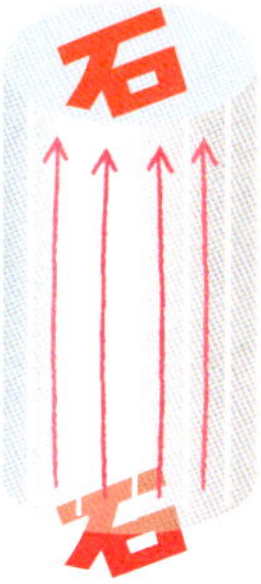

ウレキサイトの結晶《けっしょう》は、細《ほそ》いせんいの束《たば》のようになっています。この細《ほそ》い結晶《けっしょう》は、のびている方向《ほうこう》にそって光《ひかり》を通《とお》す性質《せいしつ》があります。結晶《けっしょう》が文字《もじ》に対《たい》して垂直《すいちょく》に置《お》かれると、結晶《けっしょう》を通《とお》して文字《もじ》に光《ひかり》が届《とど》き、文字《もじ》が石《いし》の表面《ひょうめん》まで浮《う》きあがってきたように見《み》えます。

石《いし》はかせのなるほどメモ

テレビ石《いし》の仕組《しく》みは光《ひかり》ファイバーと同《おな》じ！

光《ひかり》ファイバーは、細《ほそ》い管《くだ》の中《なか》で光《ひかり》が反射《はんしゃ》しながら前《まえ》に進《すす》んでいきます。テレビ石《いし》のせんい状《じょう》の結晶《けっしょう》は、光《ひかり》ファイバーの管《くだ》が光《ひかり》の進《すす》む方向《ほうこう》を誘導《ゆうどう》している仕組《しく》みに似《に》ていますね。

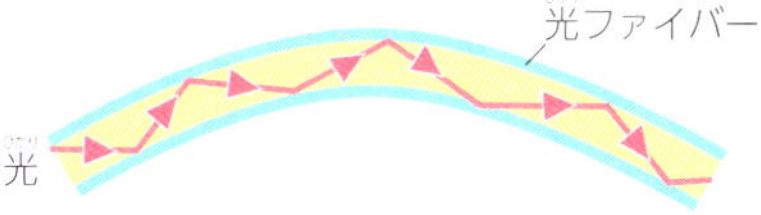

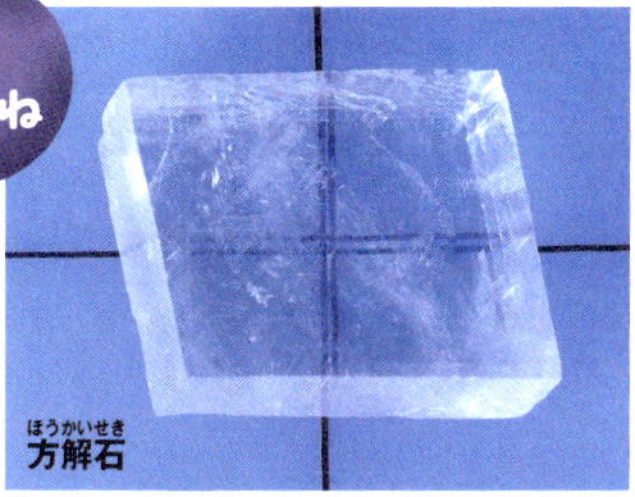

方解石《ほうかいせき》

ものが二重《にじゅう》に見《み》える石《いし》もある！

方解石《ほうかいせき》という石《いし》のなかには、文字《もじ》の上《うえ》に置《お》くと二重《にじゅう》に見《み》えるものがあります。これは、石《いし》を通《とお》る光《ひかり》がふたつの方向《ほうこう》に分《わ》かれて進《すす》むため、石《いし》の下《した》の文字《もじ》が二重《にじゅう》に見《み》えるのです。

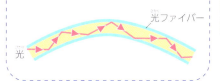

コラム

無類《むるい》の石好《いしず》きの超有名作家《ちょうゆうめいさっか》
「石《いし》コ賢《けん》さん」とは？

『銀河鉄道《ぎんがてつどう》の夜《よる》』などの作品《さくひん》で知《し》られる作家《さっか》、宮沢賢治《みやざわけんじ》は、子《こ》どものころから無類《むるい》の石好《いしず》きでした。ひまさえあれば近所《きんじょ》の野《の》山《やま》や川原《かわら》を散策《さんさく》しては、石《いし》を拾《ひろ》い集《あつ》めて楽《たの》しんでいる少年《しょうねん》でした。そのようすを見《み》た家族《かぞく》から「石《いし》コ賢《けん》さん」とよばれたほどでした。

賢治《けんじ》は進学先《しんがくさき》でも土壌学《どじょうがく》や地《ち》質学《しつがく》を学《まな》びました。教師《きょうし》になってからはその知識《ちしき》を広《ひろ》め、農業《のうぎょう》に役立《やくだ》てられるよう活動《かつどう》し続《つづ》けました。

彼《かれ》の残《のこ》した童話《どうわ》や詩《し》、短歌《たんか》、俳句《はいく》にも、岩石《がんせき》や鉱物《こうぶつ》が数多《かずおお》く登場《とうじょう》します。その数《かず》は岩石《がんせき》、鉱《こう》物《ぶつ》それぞれ70種《しゅ》以上《いじょう》（メモをふくむ）。なかには鉱物《こうぶつ》を擬人化《ぎじんか》したキャラクターが登場《とうじょう》する作《さく》品《ひん》もあるほどです。

鉱物《こうぶつ》のおしゃべりが聞《き》こえる
『楢《なら》ノ《の》木《き》大学《だいがく》士《し》の野《の》宿《じゅく》』

〈あらすじ〉

宝石《ほうせき》を探《さが》しに行《い》った楢《なら》ノ《の》木《き》大学《だいがく》士《し》が山《やま》で野宿《のじゅく》をしていると、鉱物《こうぶつ》たちがおしゃべりしている声《こえ》が聞《き》こえてきて、耳《みみ》をかたむけます。

鉱物《こうぶつ》たちのなかには、病気《びょうき》をうったえているものもいれば、医《い》師役《しやく》として相談《そうだん》にのっているものもいます。その会話《かいわ》とは……。

2章《しょう》

石《いし》ってどこでできるの？
知《し》っておきたい
石《いし》のキホン

道《みち》ばたに落《お》ちている石《いし》は地《ち》球《きゅう》のかけら

身近《みぢか》にある石《いし》は、わたしたちが住《す》んでいる地球《ちきゅう》のかけらだと知《し》っていましたか？　では、地球《ちきゅう》のかけらとは、どういうことなのでしょうか。

手《て》に取《と》った石《いし》は、山《やま》から鳥《とり》や動物《どうぶつ》が運《はこ》んできたものなのか、地中《ちちゅう》からだんだん地面《じめん》近《ちか》くに上《あ》がってきて、ニョキッと顔《かお》を出《だ》したものなのか……。ひとつの石《いし》が、どこから来《き》てどこへ行《い》くのか、調《しら》べてみましょう。

石《いし》の生《う》まれたところや、ここにやってくるまでの道《みち》のりを知《し》りたいな！
ISHI

石《いし》と岩《いわ》はちがうの？

おうちの人《ひと》と川《かわ》に出《で》かけてみましょう。足元《あしもと》には、どんな石《いし》が転《ころ》がっていますか？　卵《たまご》のようなだ円形《えんけい》の石《いし》、三角《さんかく》のおにぎりのような石《いし》、小指《こゆび》の先《さき》くらいの小《ちい》さな石《いし》に、両《りょう》手《て》でやっと持《も》ちあげられるくらい重《おも》くて大《おお》きな石《いし》など、いろいろ見《み》つかることでしょう。

川《かわ》には石《いし》のほかに、岩《いわ》もたくさんありますね。では、石《いし》と岩《いわ》って、どうちがうのでしょうか。

上《うえ》の写真《しゃしん》を見《み》てみましょう。「石《いし》」と書《か》いたものと、「岩《いわ》」と書《か》いたものを比《くら》べて

山《やま》やがけも大《おお》きな岩石《がんせき》

岩《いわ》
川《かわ》には石《いし》も岩《いわ》もいっぱいあるんだね！

どっちも玄武岩《げんぶがん》！
岩《いわ》
石《いし》

みると、どんなちがいに気《き》づきますか？

大《おお》きさがずいぶんちがいますね。石《いし》は手《て》で持《も》つことができるくらいの大《おお》きさ、岩《いわ》は持《も》つことができないくらいの大《おお》きさです。じつは、「石《いし》」と「岩《いわ》」は、大《おお》きさで区別《くべつ》した呼《よ》び名《な》で、石《いし》や岩《いわ》のことを調《ちょう》査《さ》・研究《けんきゅう》する学問上《がくもんじょう》では、両《りょう》方《ほう》とも「岩石《がんせき》」といいます。

たとえば、岩石《がんせき》には「花《か》こう岩《がん》」や「玄武岩《げんぶがん》」などの種《しゅ》類《るい》がありますが、山《やま》のように大《おお》きい場合《ばあい》も、てのひらにのるくらい小《ちい》さい場合《ばあい》も、正式《せいしき》な名前《なまえ》は変《か》わりません。

石《いし》は鉱《こう》物《ぶつ》がギュッと集《あつ》まっている！

石《いし》をにぎったり、上《うえ》から指《ゆび》で押《お》したりしてみましょう。ほとんどの場合《ばあい》、とてもかたく感《かん》じるのではないでしょうか。石《いし》はいったい何《なに》でできているのでしょう。

じつは、「鉱物《こうぶつ》」というものでできているのです。

鉱物《こうぶつ》は、地中《ちちゅう》の深《ふか》いところでできるつぶで、色《いろ》や形《かたち》が鉱物《こうぶつ》の種類《しゅるい》によってちがいます。

石《いし》には、1種類《しゅるい》の鉱物《こうぶつ》だけがたくさん集《あつ》まってできたものもあれば、何種類《なんしゅるい》もの鉱物《こうぶつ》が集《あつ》まっておにぎりのようになっているものもあります。どんな鉱物《こうぶつ》によってで

花《か》こう岩《がん》のふりかけみたいなもようも、じつは鉱物《こうぶつ》！

花《か》こう岩《がん》は、さわるとゴツゴツしています。拡大《かくだい》すると、花《か》こう岩《がん》に入っている鉱物《こうぶつ》がしっかりと見《み》えてきます。半透明《はんとうめい》の部分《ぶぶん》は石英《せきえい》、うすく色《いろ》のついている部分《ぶぶん》は長石《ちょうせき》、黒《くろ》い部分《ぶぶん》は黒雲母《くろうんも》という鉱物《こうぶつ》です。花《か》こう岩《がん》は、この３種類《しゅるい》の鉱物《こうぶつ》が入《はい》っているのが特徴《とくちょう》です。

石《いし》はかせのなるほどメモ

鉱物《こうぶつ》と鉱石《こうせき》ってちがうの？

地球《ちきゅう》には、6000種類以上《しゅるいいじょう》の鉱物《こうぶつ》があります。金《きん》や鉄《てつ》、ダイヤモンドも鉱物《こうぶつ》です。これらのように、工業用《こうぎょうよう》や宝石《ほうせき》などとして、とくに人間《にんげん》の生活《せいかつ》に役立《やくだ》つ鉱物《こうぶつ》、または、その鉱物《こうぶつ》をふくんだ石《いし》のことを「鉱石《こうせき》」といいます。

金《きん》が入《はい》っている「金鉱石《きんこうせき》」

きた石《いし》なのかを調《しら》べることで、石《いし》の種類《しゅるい》がわかるのです。

石《いし》が生《う》まれる場《ば》所《しょ》ってどこ？

鉱物《こうぶつ》がギュッと集《あつ》まってできる石《いし》。では、地球《ちきゅう》のどこで、ギュッと集《あつ》まっているのでしょうか。今《こん》度《ど》は、石《いし》が生《う》まれる場所《ばしょ》にせまってみましょう。

石《いし》は、地下《ちか》の奥深《おくふか》いところで生《う》まれます。地下《ちか》の石《いし》が生《う》まれる場《ば》所《しょ》は、どこも同《おな》じ状態《じょうたい》かというとそうではありません。とっても熱《あつ》いマグマがあったり、冷《つめ》たい海《うみ》や湖《みずうみ》の底《そこ》だったり、大《おお》きな海洋《かいよう》プレートのそばだったりします。

石《いし》が生《う》まれる場所《ばしょ》の環境《かんきょう》がちがうと、石《いし》のもとになる鉱物《こうぶつ》もち

生《う》まれる場所《ばしょ》で、種類《しゅるい》がちがってくるのかな？

石《いし》の種類《しゅるい》は大《おお》きく分《わ》けると3種類《しゅるい》！

火成岩《かせいがん》

火山《かざん》の地下《ちか》やまわりで生《う》まれるよ！

花《か》こう岩《がん》

玄武岩《げんぶがん》

火山《かざん》が噴《ふ》き出《だ》した溶岩《ようがん》や、地下《ちか》のマグマが冷《ひ》えて固《かた》まり、玄武岩《げんぶがん》や花《か》こう岩《がん》などになる。

がってきます。また、高温《こうおん》で熱《ねっ》せられたり、高《たか》い圧力《あつりょく》で押《お》し固《かた》められたりすることも、石《いし》の種類《しゅるい》に関係《かんけい》してくるのです。

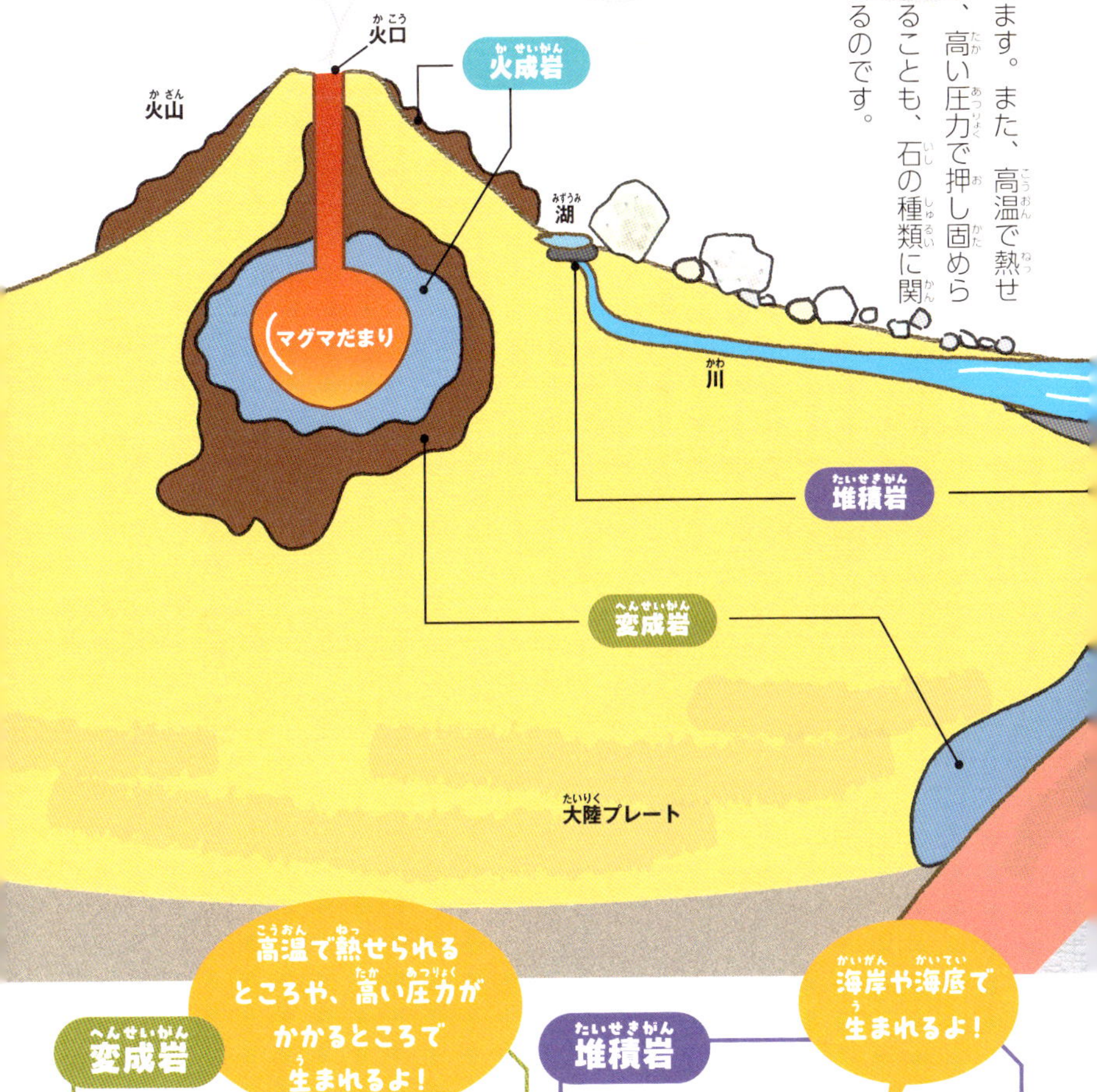

変成岩《へんせいがん》

高温《こうおん》で熱《ねっ》せられるところや、高《たか》い圧力《あつりょく》がかかるところで生《う》まれるよ！

ホルンフェルス

結晶片岩《けっしょうへんがん》

火成岩《かせいがん》や堆積岩《たいせきがん》が、マグマの熱《ねつ》や圧力《あつりょく》でホルンフェルスや結晶片岩《けっしょうへんがん》などに生《う》まれ変《か》わる。

堆積岩《たいせきがん》

海岸《かいがん》や海底《かいてい》で生《う》まれるよ！

砂岩《さがん》

礫岩《れきがん》

岩《いわ》が風《かぜ》や水《みず》でくずれて、海岸《かいがん》や海底《かいてい》にたまり、砂岩《さがん》や礫岩《れきがん》などになる。

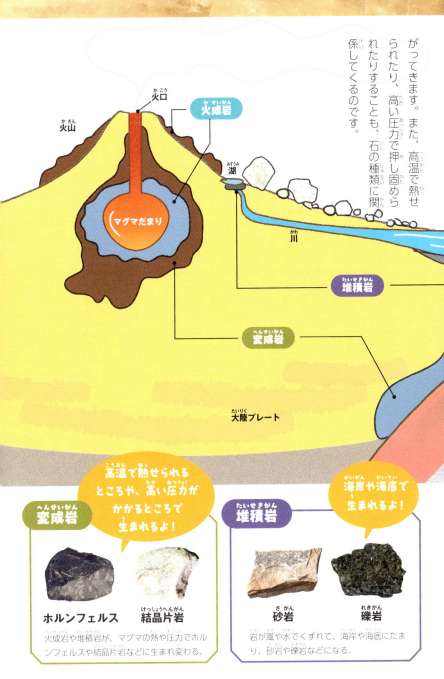

石《いし》の原料《げんりょう》、マグマはどこでできるの？

玄武岩《げんぶがん》や花《か》こう岩《がん》、黒曜石《こくようせき》などの火成岩《かせいがん》は、マグマが冷《ひ》えて固《かた》まったものです。これらの石《いし》の原料《げんりょう》となっているマグマは、いったいどこでできるのでしょうか。

下《した》の図《ず》を見《み》てみましょう。地球《ちきゅう》の内部《ないぶ》のようすです。地表《ちひょう》のすぐ下《した》には、陸《りく》や海《うみ》の土台《どだい》になっているプレート（地殻《ちかく》）があります。マグマはそのプレートの下《した》のマントルで生《う》まれます。そして、地下《ちか》約《やく》30〜200kmにあるプレートや海底山脈《かいていさんみゃく》の中《なか》にある「マグマだまり」という場所《ばしょ》に集《あつ》まってきます。

では、マグマの正体《しょうたい》は何《なに》かというと、大昔《おおむかし》の岩石《がんせき》です。岩石《がんせき》が800〜1200℃もの高温《こうおん》でとけてマグマとなっているのです。

マグマだまり
火山《かざん》
プレート（地殻《ちかく》）
陸地《りくち》や海《うみ》がのっている。おもに花《か》こう岩《がん》でできた大陸《たいりく》プレートと、おもに玄武岩《げんぶがん》でできた海洋《かいよう》プレートがある。
マントルの中《なか》でできたマグマが上《うえ》へあがっていく
海洋《かいよう》プレート
地球《ちきゅう》の内部《ないぶ》の約《やく》8割《わり》は岩石《がんせき》！
内核《ないかく》は鉄《てつ》のかたまりで、1000年《ねん》に1㎜くらい大《おお》きくなっている。

地球《ちきゅう》の中《なか》は熱《あつ》そうだな〜！

鹿児島県《かごしまけん》にある桜島《さくらじま》は、今《いま》も年《ねん》に数回《すうかい》火山灰《かざんばい》や噴石《ふんせき》を噴《ふ》き出して活動《かつどう》を続《つづ》けている「活火山《かっかざん》」です。
日本《にほん》にはこのように活動中《かつどうちゅう》または休止中《きゅうしちゅう》の火山《かざん》が100以上《いじょう》もあるのです。

大陸《たいりく》プレート
上部《じょうぶ》マントルは、おもにかんらん岩《がん》でできていて、火山活動《かざんかつどう》や地殻変動《ちかくへんどう》の原因《げんいん》となっている。
マントル
下部《かぶ》マントルは、核《かく》と上部《じょうぶ》マントルにはさまれて、マントルの流《なが》れを起《お》こしている。
外核《がいかく》
外核《がいかく》は、鉄《てつ》が流《なが》れていて、磁気《じき》が発生《はっせい》している。
内核《ないかく》

石《いし》はかせのなるほどメモ

陸地《りくち》や海底《かいてい》はゆっくり動《うご》いている！

地球《ちきゅう》の陸地《りくち》や海底《かいてい》は、1年《ねん》で約《やく》7㎝くらいのペースで、ゆっくり動《うご》いています。地球内部《ちきゅうないぶ》のさまざまなプレートが押《お》し合《あ》ったりしずみこんだりする活動《かつどう》によって動《うご》いているのです。

2章《しょう》 知《し》っておきたい石《いし》のキホン

宝《ほう》石《せき》も石《いし》なの？

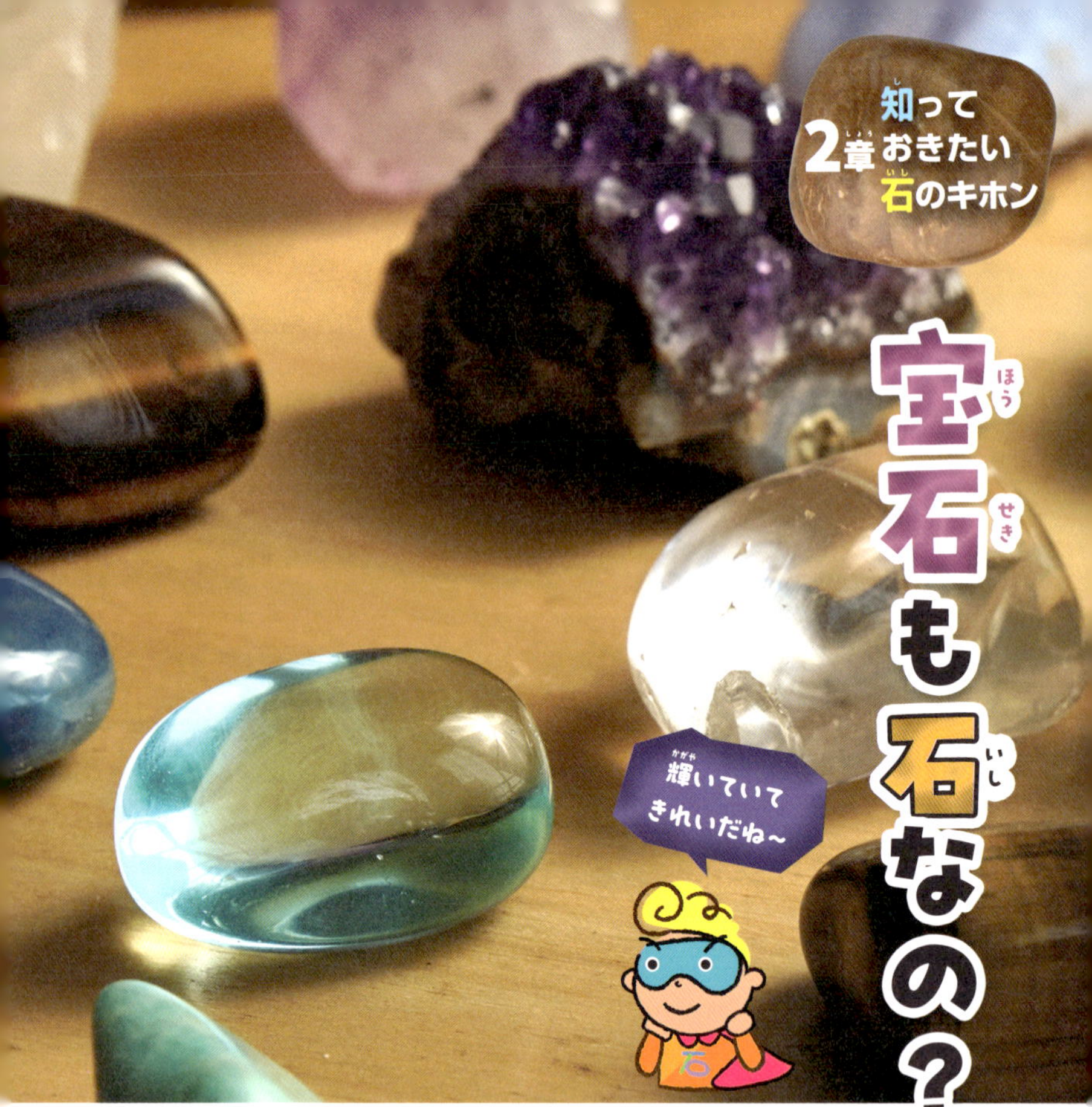

石《いし》のなかには、色《いろ》がきれいなものや、キラキラと輝《かがや》くものがあります。人間《にんげん》は昔《むかし》から、美《うつく》しい石《いし》やかたい石《いし》を重《おも》んじ、特別《とくべつ》な力《ちから》があると考《かんが》え、自分《じぶん》の身《み》につけたり、かざり物《もの》にしたりしてきました。

なかでもとくに色《いろ》や輝《かがや》きが美《うつく》しく、かたくて傷《きず》つきにくく、数《かず》が少《すく》ない石《いし》は「宝石《ほうせき》」として大切《たいせつ》にされてきました。

宝石《ほうせき》がなぜきれいな色《いろ》や輝《かがや》きをしているかというと、石《いし》のもとになる6000種類《しゅるい》以上《いじょう》もある鉱物《こうぶつ》のうち、格別《かくべつ》に美《うつく》しい輝《かがや》きをもつ特定《とくてい》の鉱物《こうぶつ》でできているからです。宝石《ほうせき》のなかには、鉱物《こうぶつ》の結晶《けっしょう》の形《かたち》でできたものも多《おお》く、ダイヤモンドやサファイアなどは、きれいな結晶《けっしょう》の形《かたち》をしています。それらの宝石《ほうせき》はとうめいなものが多《おお》く、光《ひかり》を中《なか》に取《と》りこんで反射《はんしゃ》させ、わたしたちの目《め》に届《とど》けています。そのため、キラキラと美《うつく》しく輝《かがや》くのです。

割《わ》れにくい原石《げんせき》をもとに宝石《ほうせき》としてみがかれる！

宝石《ほうせき》とされる石《いし》のなかでも割《わ》れにくいものが「原石《げんせき》」として選《えら》ばれ、きれいにみがかれて、指輪《ゆびわ》やネックレス、そのほかの装《そう》飾品《しょくひん》となるのです。

ルビーの原石《げんせき》

みがくと…

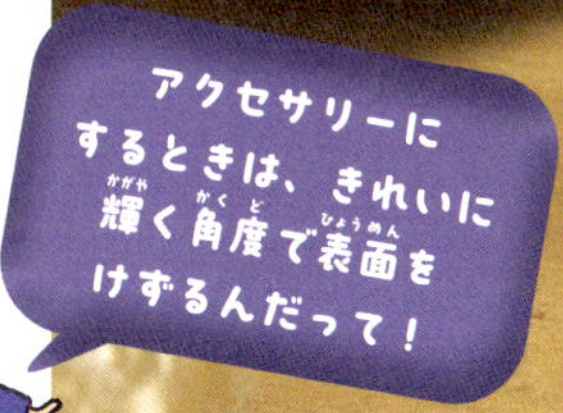
アクセサリーにするときは、きれいに輝《かがや》く角度《かくど》で表面《ひょうめん》をけずるんだって！

ISHI

石《いし》はかせのなるほどメモ

石《いし》じゃない「宝石《ほうせき》」もある！

サンゴは海《うみ》の生《い》き物《もの》、真珠《しんじゅ》は貝《かい》にできるつぶ、コハクは樹《じゅ》脂《し》の化石《かせき》なので、鉱物《こうぶつ》ではありません。ですが、色《いろ》や形《かたち》がとても美《うつく》しいため、「宝石《ほうせき》」としてあつかわれています。

サンゴ

真珠《しんじゅ》

コハク

宝《ほう》石《せき》もマグマから生《う》まれるの？

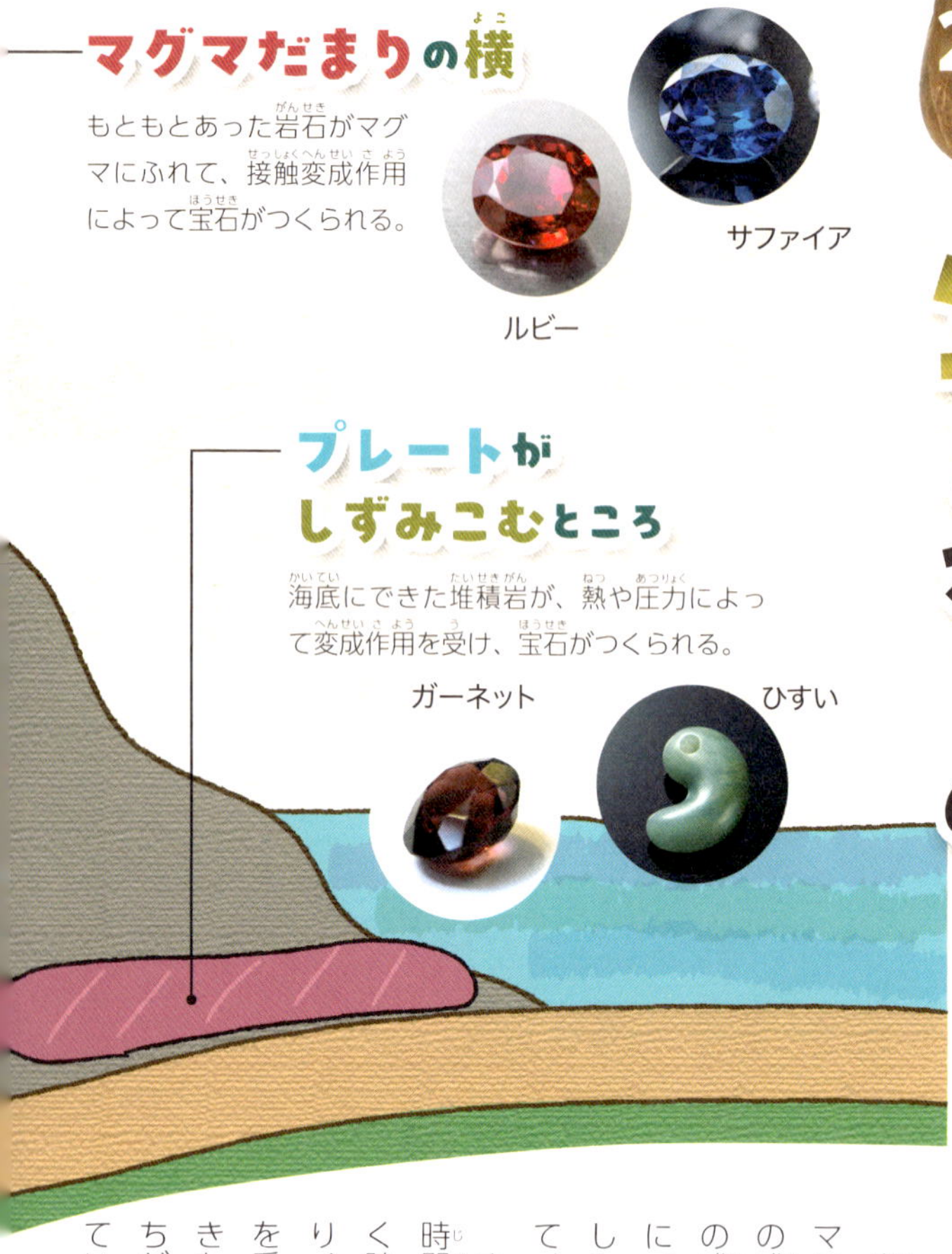
マグマだまりの横《よこ》
もともとあった岩石《がんせき》がマグマにふれて、接触変成作用《せっしょくへんせいさよう》によって宝石《ほうせき》がつくられる。
サファイア
ルビー
プレートがしずみこむところ
海底《かいてい》にできた堆積岩《たいせきがん》が、熱《ねつ》や圧力《あつりょく》によって変成作用《へんせいさよう》を受《う》け、宝石《ほうせき》がつくられる。
ガーネット
ひすい

宝石《ほうせき》も石《いし》なので、原料《げんりょう》はおもにマグマです。きれいな色《いろ》で輝《かがや》くための特定《とくてい》の成分《せいぶん》も、マグマの中《なか》にあります。この成分《せいぶん》は、マグマが冷《ひ》えて固《かた》まるときに、マグマからしみ出《だ》して固《かた》まります。しみ出《だ》してきた成分《せいぶん》のちがいによって、どんな宝石《ほうせき》になるか決《き》まるのです。

また、宝石《ほうせき》は、できあがるまでには時間《じかん》がかかります。冷《ひ》えて固《かた》まっていく時間《じかん》の経過《けいか》のなかで、熱水《ねっすい》をあびたり、ガスをあびたり、とても高《たか》い圧力《あつりょく》を受《う》けたりします。つまり、宝石《ほうせき》ができあがっていく過程《かてい》で置《お》かれた環境《かんきょう》のちがいも宝石《ほうせき》の種類《しゅるい》のちがいに関係《かんけい》しているということです。

石《いし》はかせのなるほどメモ

宝石《ほうせき》ができるときの条件《じょうけん》

熱《ねつ》や圧力《あつりょく》など、どんな影響《えいきょう》を受《う》けたかによって、できる宝石《ほうせき》の種類《しゅるい》が変《か》わってきます。

マグマから熱水《ねっすい》が出《で》てくるところ

地中《ちちゅう》のすきまや岩石《がんせき》の割《わ》れ目《め》に、マグマから出《で》た熱水《ねっすい》が入《はい》りこんで固《かた》まり、宝石《ほうせき》になる。

トルマリン

オパール

マントルの中《なか》

ものすごく高温《こうおん》で、圧力《あつりょく》の高《たか》い地下《ちか》深《ふか》くでつくられる。

ダイヤモンド

2章《しょう》 知《し》って おきたい 石《いし》のキホン

溶《よう》岩《がん》も石《いし》の仲《なか》間《ま》なの？

ハワイの キラウエア火山《かざん》の噴火《ふんか》

噴出《ふんしゅつ》したマグマ（溶岩《ようがん》）が、火《か》山《ざん》の地表《ちひょう》をどんどん流《なが》れ、ついには民家《みんか》や海《うみ》まで到達《とうたつ》した。

マグマが地下《ちか》の「マグマだまり」いっぱいになると、火山《かざん》の噴火口《ふんかこう》まで押《お》し上《あ》げられ、地上《ちじょう》に噴《ふ》き出《だ》します。これが噴火《ふんか》です。噴火《ふんか》によって地表《ちひょう》に流《なが》れ出《だ》すマグマを「溶岩《ようがん》」といいます。噴火《ふんか》の際《さい》、マグマといっしょに地下《ちか》の深《ふか》いところにあった岩石《がんせき》が飛《と》び出《だ》すこともあります。

マグマは地下《ちか》では、800～1200℃という高温《こうおん》の状態《じょうたい》で存在《そんざい》しています。地表《ちひょう》がどんなに高温《こうおん》になっても、800℃もあるマグマにとっては冷《つめ》たいところです。ですから、地表《ちひょう》に出《で》たとたんに冷《ひ》えて固《かた》まり、岩石《がんせき》（火成岩《かせいがん》）となるのです。

地表《ちひょう》に流《なが》れ出《で》てあっという間《ま》に
固《かた》まり始《はじ》める！

噴火後《ふんかご》、溶岩《ようがん》が冷《ひ》えて固《かた》まり始《はじ》め、火山岩《かざんがん》（玄武岩《げんぶがん》など）になっていくようす。まだ熱《ねつ》をもっている部《ぶ》分《ぶん》は赤《あか》いままだ。

空中《くうちゅう》で固《かた》まり始《はじ》める！
ヒュー
ガチッ

迫力《はくりょく》あるな～！

火山弾《かざんだん》

噴火《ふんか》で噴《ふ》き出《だ》したマグマが、空中《くうちゅう》で固《かた》まったり、固《かた》まりかけた状態《じょうたい》で地面《じめん》に落《お》ちてまわりの溶岩《ようがん》をくっつけたりしてできる。

石《いし》はかせの
なるほどメモ

火山灰《かざんばい》は何《なに》かの燃《も》えかす？

火山灰《かざんばい》は、火山《かざん》が爆発《ばくはつ》したときに飛《と》び出《だ》してくる2㎜以下《いか》のかけらのことで、マグマや噴火口《ふんかこう》にもともとあった岩石《がんせき》からできています。

火山灰《かざんばい》

石《いし》は変身《へんしん》することがあるって本当《ほんとう》？

ドロン！
えっ？
こんなに変《か》わるの？

石《いし》は、一度《いちど》生《う》まれたら、ずっとそのまま変化《へんか》しないわけではありません。地球内部《ちきゅうないぶ》で起《お》きているプレートの動《うご》きや火山活動《かざんかつどう》など、さまざまな活動《かつどう》が石《いし》に変化《へんか》をもたらすことがよくあるのです。

石《いし》の変化《へんか》と地球内部《ちきゅうないぶ》の活動《かつどう》の関係《かんけい》は、大《おお》きく分《わ》けて2通《とお》りあります。

ひとつ目《め》は、石《いし》が高《たか》い圧力《あつりょく》を受《う》けたことで新《あたら》しい鉱物《こうぶつ》ができたり、小《ちい》さな鉱物《こうぶつ》の結晶《けっしょう》が成長《せいちょう》して一方向《いちほうこう》にならび方《かた》を変《か》えたりする場合《ばあい》です。

ふたつ目《め》は、マグマが地表《ちひょう》の近《ちか》くに上《あ》がってくる途中《とちゅう》で、とても高《たか》い熱《ねつ》を受《う》けることによって、鉱物《こうぶつ》の結晶《けっしょう》が大《おお》きくなったり、もとの石《いし》よりかたくなったりする場合《ばあい》です。

どちらの場合《ばあい》も、変化《へんか》してできた石《いし》を「変成《へんせい》岩《がん》」といいます。

石《いし》のおもな変身術《へんしんじゅつ》

もとの石《いし》
チャート

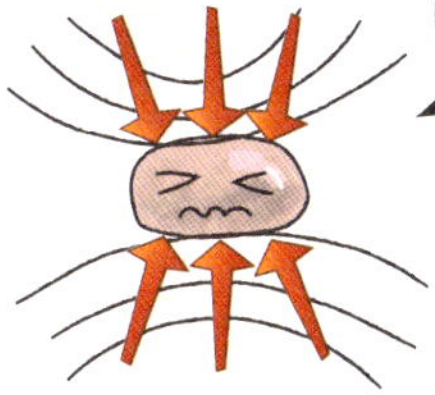

とくに強《つよ》い圧力《あつりょく》を受《う》ける

変身《へんしん》!

結晶片岩《けっしょうへんがん》

鉱物《こうぶつ》が一方向《いちほうこう》に並《なら》んで、しまもようになっていて、板状《いたじょう》に割《わ》れやすい。

もとの石《いし》
泥岩《でいがん》

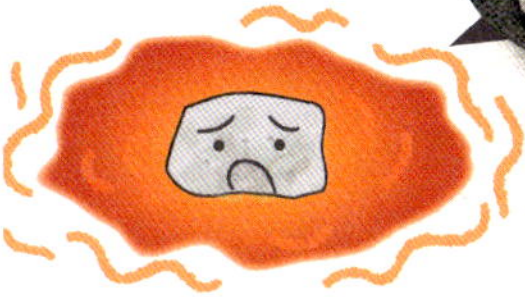

とくに高温《こうおん》で熱《ねっ》せられる

変身《へんしん》!

ホルンフェルス

熱《ねつ》によってもとの石《いし》よりかたくなる。

石《いし》はかせの
なるほどメモ

変成岩《へんせいがん》の変身《へんしん》はどこで起《お》こっているの？

石《いし》は、高温《こうおん》になりやすいマグマだまりのまわりや、圧力《あつりょく》を受《う》けやすいプレートがしずみこむところなどで変成作用《へんせいさよう》を受《う》けます。

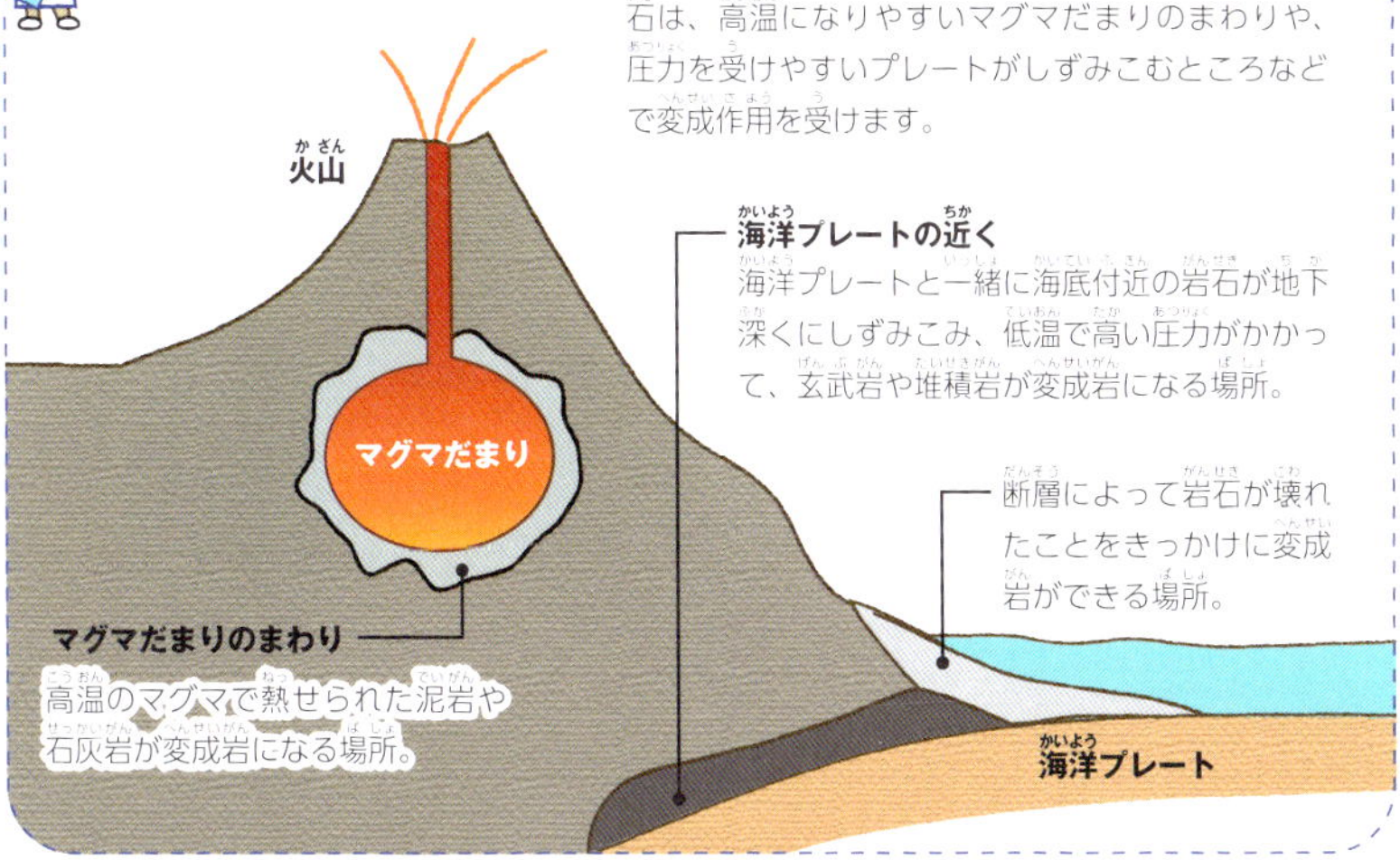
火山《かざん》
マグマだまり
海洋《かいよう》プレートの近《ちか》く
海洋《かいよう》プレートと一緒《いっしょ》に海底付近《かいていふきん》の岩石《がんせき》が地下《ちか》深《ふか》くにしずみこみ、低温《ていおん》で高《たか》い圧力《あつりょく》がかかって、玄武岩《げんぶがん》や堆積岩《たいせきがん》が変成岩《へんせいがん》になる場所《ばしょ》。
断層《だんそう》によって岩石《がんせき》が壊《こわ》れたことをきっかけに変成岩《へんせいがん》ができる場所《ばしょ》。
マグマだまりのまわり
高温《こうおん》のマグマで熱《ねっ》せられた泥岩《でいがん》や石灰岩《せっかいがん》が変成岩《へんせいがん》になる場所《ばしょ》。
海洋《かいよう》プレート

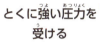

川原《かわら》の石《いし》はどうして丸《まる》いの？

川《かわ》の中流《ちゅうりゅう》や下流《かりゅう》には、角《かど》が取《と》れて丸《まる》みをおびた石《いし》がたくさん転《ころ》がっていますね。もともとは、角《かく》ばってゴツゴツした石《いし》だったものが、丸《まる》くなったのです。

角《かく》ばった石《いし》が丸《まる》い石《いし》に変《か》わるのには、川《かわ》が関係《かんけい》しています。川《かわ》は上流《じょうりゅう》から下流《かりゅう》へと水《みず》が流《なが》れています。上流《じょうりゅう》の角《かく》ばった大《おお》きな岩《いわ》は、長年《ながねん》の雨《あめ》などによって一部《いちぶ》がくずれ、川《かわ》に落《お》ちます。その後《ご》、大雨《おおあめ》の増水《ぞうすい》などで、川《かわ》の流《なが》れの勢《いきお》いが増《ま》し、どんどんと下流《かりゅう》へと流《なが》されます。下流《かりゅう》に向《む》かう途中《とちゅう》で何度《なんど》も石《いし》どうしがぶつかったり、川岸《かわぎし》の岩《いわ》にぶつかったり、水《みず》にけ

大《おお》きい石《いし》も小《ちい》さい石《いし》も丸《まる》っこいし、石《いし》の表面《ひょうめん》もすべすべしてなめらかになっている！
ISHI

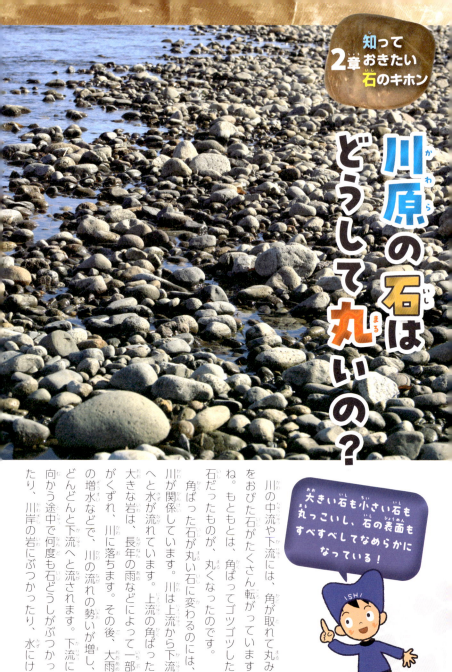

石《いし》はかせのなるほどメモ

砂《すな》やどろも石《いし》が細《こま》かくなったもの！

砂《すな》やどろは、石《いし》がぶつかることでさらに細《こま》かくなったものです。つぶの大《おお》きさが2㎜よりも小《ちい》さいものが砂《すな》、約《やく》0.06㎜よりも小《ちい》さいものがどろです。

ずられたりして、角《かど》が取《と》れ、丸《まる》くなっていくのです。

ちなみに海岸《かいがん》に転《ころ》がっている丸《まる》い石《いし》も川原《かわら》の石《いし》と同《おな》じように、海《うみ》の水《みず》によってけずられたり、波《なみ》によって石《いし》どうしがぶつかったりして、丸《まる》くなります。

形《かたち》を見《み》るとどんな石《いし》かわかる!?

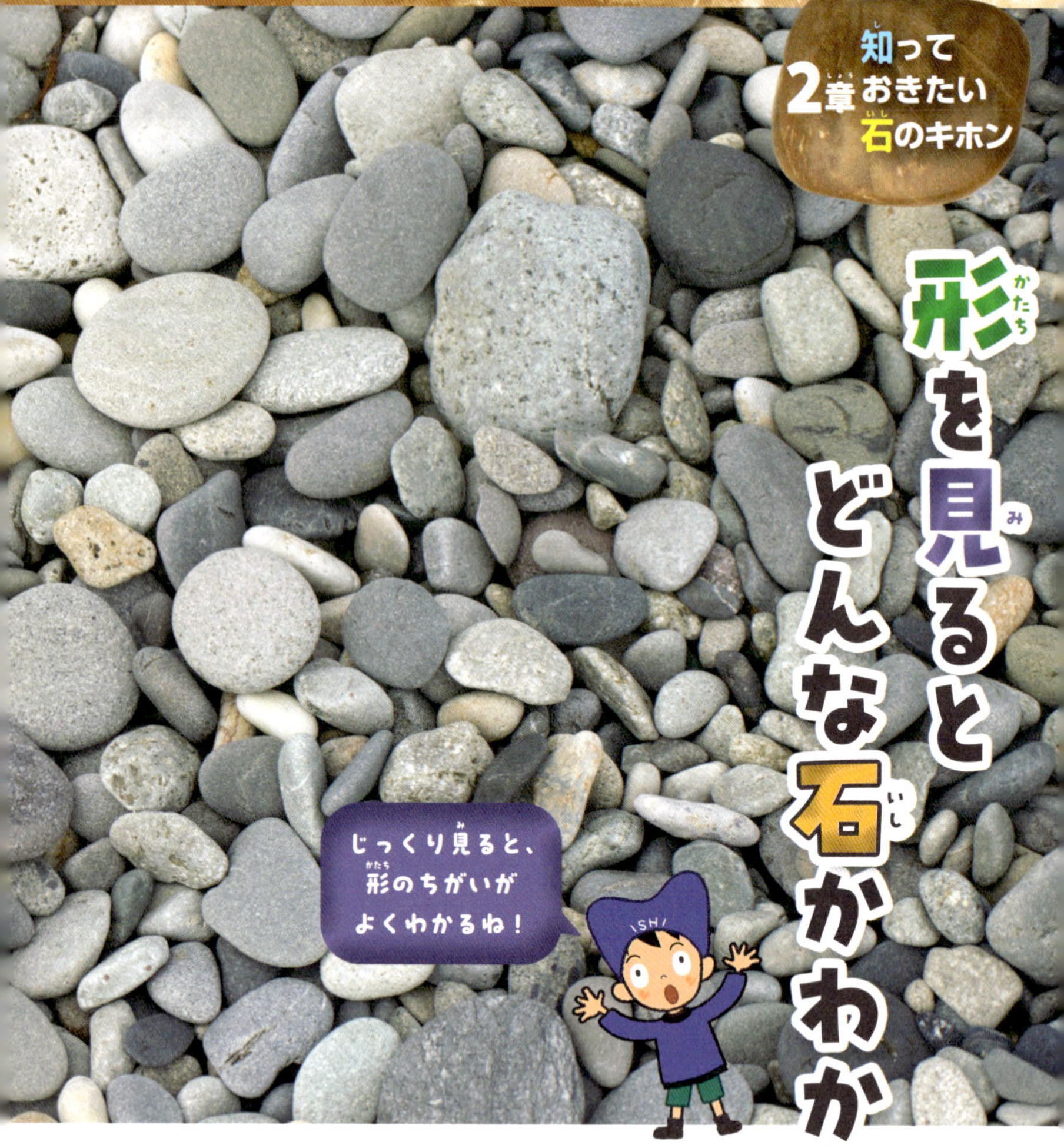
じっくり見《み》ると、
形《かたち》のちがいが
よくわかるね！
ISHI

川《かわ》の流《なが》れや海《うみ》の波《なみ》の中《なか》でぶつかり合《あ》った石《いし》を、もっとよく見《み》てみましょう。角《かど》が取《と》れて丸《まる》くなるといっても、すべてがボールのように丸《まる》いわけではありませんね。三角《さんかく》や四角《しかく》、平《たい》らなど、いろいろな形《かたち》があります。では、それぞれの形《かたち》に何《なに》か決《き》まりはあるのでしょうか。

じつは、石《いし》の特徴《とくちょう》によって、丸《まる》くなりやすい石《いし》、三角《さんかく》や四角《しかく》になりやすい石《いし》があるのです。そのため、石《いし》の形《かたち》から、どんな種類《しゅるい》の石《いし》なのかを推定《すいてい》することができるのです。

丸《まる》くなりやすい石《いし》

花《か》こう岩《がん》

砂《さ》岩《がん》

石《いし》に入《はい》っている鉱物《こうぶつ》が均一《きんいつ》にまじっているため、サイコロ状《じょう》に割《わ》れやすい。角《かど》がけずれていって、最終的《さいしゅうてき》に丸《まる》くなる。

三角形《さんかくけい》・四角形《しかくけい》になりやすい石《いし》

流紋岩《りゅうもんがん》

安山岩《あんざんがん》

不定形《ふていけい》に割《わ》れると、三《さん》角形《かくけい》や四角形《しかくけい》になりやすい。鉱物《こうぶつ》の種類《しゅるい》はあまり関係《かんけい》ない。

平《たい》らになりやすい石《いし》

結晶片岩《けっしょうへんがん》

強《つよ》い圧力《あつりょく》を受《う》けて、鉱《こう》物《ぶつ》が一定方向《いっていほうこう》にならんでいるため、うすくはがれやすい石《いし》が、平《たい》らになりやすい。

鉱物《こうぶつ》にも割《わ》れやすい方向《ほうこう》がある

鉱物《こうぶつ》には、決《き》まった割《わ》れ方《かた》をするものがあり、この性質《せいしつ》を「へき開《かい》」といいます。たとえば雲母《うんも》には一方向《いちほうこう》へのへき開《かい》があり、うすくはがれやすいのですが、水晶《すいしょう》（石英《せきえい》）にはへき開《かい》がなく、さまざまな形《かたち》に割《わ》れます。

雲母《うんも》　うすくはがれる（へき開《かい》がある）

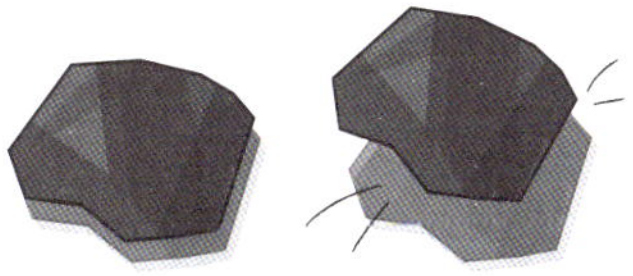

水晶《すいしょう》（石英《せきえい》）　いろいろな形《かたち》に割《わ》れる（へき開《かい》がない）

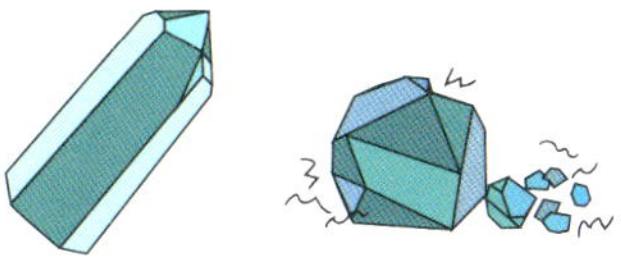

うすい板《いた》が何層《なんそう》にも重《かさ》なっているみたいだね！

大《おお》きな岩《いわ》のしまもようの正《しょう》体《たい》は？

上《うえ》の写真《しゃしん》のようながけも大《おお》きな岩《いわ》です。岩《いわ》は、つねに雨水《あまみず》や太陽《たいよう》の熱《ねつ》などにさらされています。長年《ながねん》、水《みず》や熱《ねつ》を受《う》けた岩《いわ》には、割《わ》れ目《め》ができたり、表面《ひょうめん》から少《すこ》しずつくずれていったりして、川《かわ》や海《うみ》に流《なが》されます。流《なが》されるうちにさらに小《ちい》さくなり最後《さいご》は砂《すな》やどろになります。

砂《すな》やどろは、海底《かいてい》などに積《つ》み重《かさ》なり、地下《ちか》で長《なが》い年月《ねんげつ》の間《あいだ》に、熱《ねつ》や圧力《あつりょく》を受《う》けて、ギュッと固《かた》められます。このとき、ケイ酸《さん》や炭酸《たんさん》カルシウムなどの物質《ぶっしつ》が「セメント物質《ぶっしつ》」としてはたらき、まわりのものをくっつけて、とてもがんじょうに固《かた》めます。こうしてできあがる岩石《がんせき》が「堆積岩《たいせきがん》」です。固《かた》まった堆積岩《たいせきがん》の上《うえ》に、さらに新《あたら》しく集《あつ》まった砂《すな》やどろや火山灰《かざんばい》が上積《うわづ》みされて次《つぎ》の堆積岩《たいせきがん》となり、何万年《なんまんねん》もの長《なが》い時間《じかん》を

石《いし》はかせのなるほどメモ

どうして海底《かいてい》でできた地層《ちそう》が陸地《りくち》で見《み》られるようになるの？

海《うみ》の底《そこ》でできた堆積岩《たいせきがん》の地層《ちそう》が、地殻変動《ちかくへんどう》によって陸地《りくち》に出《で》てくることがあります。

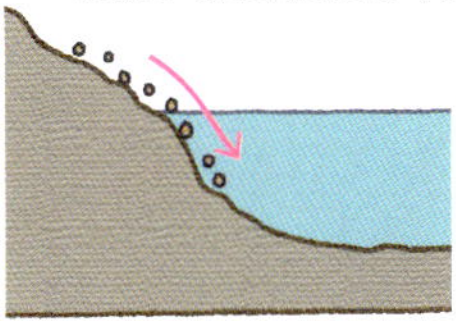

1 海《うみ》や湖《みずうみ》の底《そこ》に、砂《すな》やどろが流《なが》れ着《つ》く。

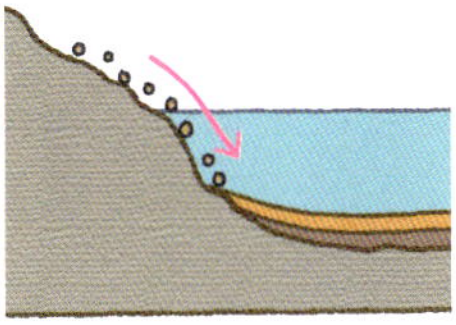

2 流《なが》れ着《つ》いた砂《すな》やどろが、長《なが》い年月《ねんげつ》をかけて固《かた》まり、地層《ちそう》になる。

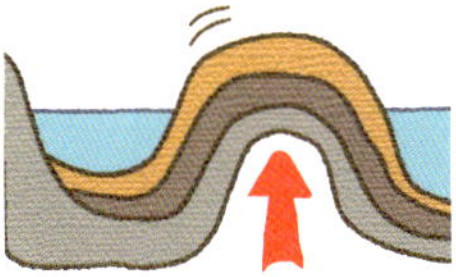

3 地下《ちか》にあるいくつかのプレートがぶつかり合《あ》うことで、一部《いちぶ》が盛《も》り上《あ》がり、海底《かいてい》の地層《ちそう》が地表《ちひょう》に顔《かお》を出《だ》す。

ゆがんだ地層《ちそう》
左右《さゆう》から押《お》されると、地層《ちそう》にゆがんだあとが残《のこ》る。

ずれた地層《ちそう》
左右《さゆう》から引《ひ》っ張《ぱ》られたり押《お》されたりすると、切《き》れ目《め》が入《はい》って、ずれる。

かけてしまもようの「地層《ちそう》」ができあがります。

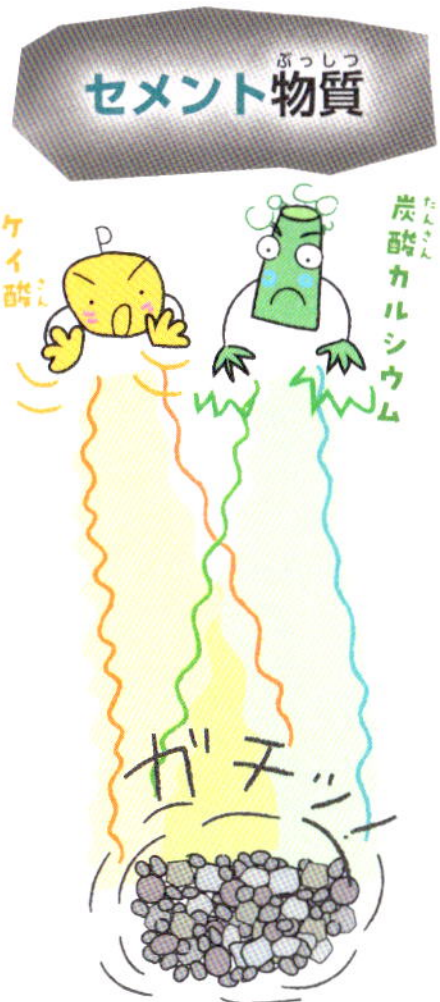

知《し》って
おきたい
石《いし》のキホン
2章《しょう》

アンモナイトの化石《かせき》！

生《い》き物《もの》はどうやって石《いし》になるの？

カタツムリのようなうずまきの殻《から》が印象的《いんしょうてき》なアンモナイトの化石《かせき》。みなさんも、博物館《はくぶつかん》などで一度《いちど》は見《み》たことがあるのではないでしょうか。

殻《から》はカタツムリに似《に》ていますが、じつはアンモナイトはタコやイカの仲間《なかま》で、約《やく》2億《おく》5000万《まん》〜6550万年前《まんねんまえ》の生《い》き物《もの》です。アンモナイトは、死《し》ぬとやわらかい体《からだ》の部分《ぶぶん》がバクテリアに分解《ぶんかい》されてなくなってしまいます。残《のこ》った殻《から》のまわりは、海中《かいちゅう》の炭酸《たんさん》カルシウムにおおわれ、かたくこわれにくくなります。かたい状態《じょうたい》になった殻《から》が、どろや砂《すな》に埋《う》もれて圧力《あつりょく》や熱《ねつ》を受《う》け、化石《かせき》となり、

リコプテラの化石《かせき》

恐竜《きょうりゅう》と同《おな》じころにいた魚《さかな》の化石《かせき》。中国《ちゅうごく》でたくさん見《み》つかっている。

珪化木《けいかぼく》

島根県《しまねけん》の波根西《はねにし》の海岸《かいがん》で見《み》つかったのは、今《いま》から約《やく》2000万年前《まんねんまえ》の木《き》の化石《かせき》。火山活動《かざんかつどう》によって、噴《ふ》き出《だ》したものの中《なか》に埋《う》もれた木《き》が、化石《かせき》となった。

堆積岩《たいせきがん》に入《はい》っているのです。
ちなみに恐竜《きょうりゅう》の化石《かせき》は、骨《ほね》が残《のこ》って化石《かせき》になっています。ほかにも、貝《かい》や魚《さかな》、植物《しょくぶつ》などが、炭酸《たんさん》カルシウムの作用《さよう》によって、化石《かせき》となって残《のこ》っているのです。

石《いし》はかせのなるほどメモ

生物岩《せいぶつがん》って何《なに》？

堆積岩《たいせきがん》のなかには、砂《すな》やどろではなく、生《い》きものの死《し》がいでできているものがあり、「生物岩《せいぶつがん》」とよばれます。

チャート

放散虫《ほうさんちゅう》というプランクトンの死《し》がいなどでできた石《いし》。

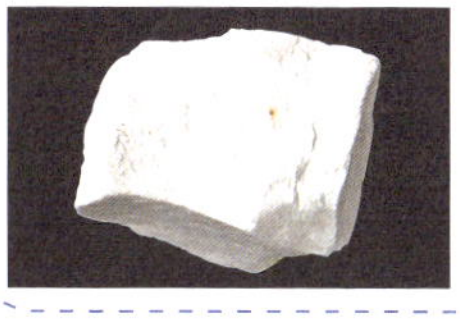

石灰岩《せっかいがん》

サンゴやウミユリ、フズリナ、貝類《かいるい》でできた石《いし》。

石《いし》から塩《しお》ができるって本当《ほんとう》？

みなさん、塩《しお》は海水《かいすい》からできているものしかないと思《おも》っていませんか? 塩《しお》のなかには、「岩塩《がんえん》」といって、陸《りく》で岩《いわ》になっている状《じょう》態《たい》の塩《しお》もあるのです。

　では、どのようにできるのかというと、これには「大昔《おおむかし》の海《うみ》」がかかわっているのです。

　地球《ちきゅう》の表面《ひょうめん》にあるプレート（地《ち》殻《かく》）は、少《すこ》しずつゆっくりと動《うご》いていて、プレートどうしが押《お》し合《あ》い、急《きゅう》に大《おお》きな力《ちから》で、ぐんと陸地《りくち》が盛《も》り上《あ》がることがあります。そ

そこらじゅうの岩《いわ》が岩塩《かんえん》！

エチオピア・カルム湖《こ》の岩塩《がんえん》

エチオピアのダナキル砂漠《さばく》にあるカルム湖《こ》は、塩水《しおみず》でできた湖《みずうみ》。大昔《おおむかし》、海《うみ》につながる湾《わん》の入《い》り口《ぐち》が地殻変動《ちかくへんどう》で盛《も》り上《あ》がり、海水《かいすい》が閉《と》じこめられてできた。

地下《ちか》から湧《わ》き出《だ》した塩水《しおみず》を干《ほ》す！

ペルー・マラスの塩田《えんでん》

大昔《おおむかし》の海《うみ》が、地殻変動《ちかくへんどう》で大《おお》きな山脈《さんみゃく》（アンデス山脈《さんみゃく》）となり、海《うみ》の塩《しお》は巨大《きょだい》な岩塩《がんえん》となった。その岩塩《がんえん》が地下水《ちかすい》にとけ出《だ》し、地上《ちじょう》に湧《わ》き出《だ》したものを干《ほ》して塩《しお》をつくっている。

地下《ちか》トンネル全体《ぜんたい》が岩塩《かんえん》！

ポーランド・ヴィエリチカの全長《ぜんちょう》300kmを超《こ》える岩塩坑《がんえんこう》

大昔《おおむかし》、海《うみ》だった場所《ばしょ》が地殻《ちかく》変動で盛《も》り上《あ》がった陸《りく》に閉《と》じこめられ、塩湖《えんこ》となり、地下《ちか》に塩水《しおみず》がたまって、岩《がん》塩《えん》となった。採掘《さいくつ》は1200年《ねん》代《だい》から1996年《ねん》まで続《つづ》いた。

の結果《けっか》、海《うみ》だった場所《ばしょ》が急《きゅう》に陸《りく》になり、海水《かいすい》が陸《りく》に閉《と》じこめられることがあります。

現在《げんざい》岩塩《がんえん》がある場所《ばしょ》は、まさに大昔《おおむかし》、海《うみ》だったところです。陸《りく》に閉《と》じこめられた海水《かいすい》が蒸発《じょうはつ》して塩《しお》の固《かた》まりができ、長《なが》い年月《ねんげつ》の間《あいだ》に大《おお》きな岩《いわ》となったものなのです。

石《いし》は何《なん》万《まん》年《ねん》もの間《あいだ》ぐるぐるめぐる！

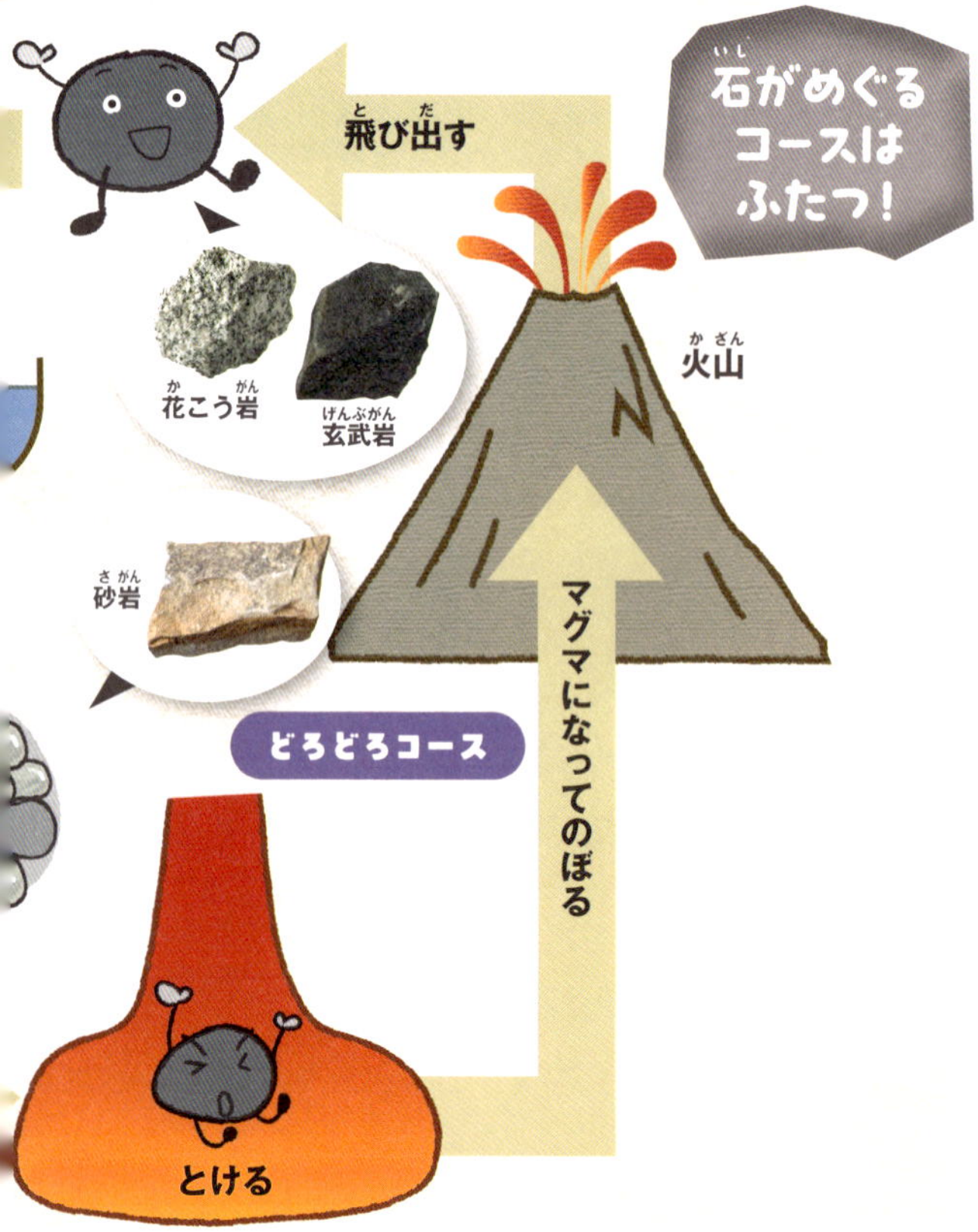
石《いし》がめぐるコースはふたつ！
飛《と》び出《だ》す
花《か》こう岩《がん》
玄武岩《げんぶがん》
火山《かざん》
砂岩《さがん》
どろどろコース
マグマになってのぼる
とける

石《いし》は、とても長《なが》い時間《じかん》をかけて、形《かたち》を変《か》えながら、地表《ちひょう》と地下《ちか》をめぐっています。たどるコースは大《おお》きく分《わ》けて2コースありますが、そのちがいはマグマによってとけるかどうかが決《き》め手《て》になります。

ひとつ目《め》のコースは、石《いし》がマグマにとけるコースです。マグマは、地下《ちか》十数《じゅうすう》kmのマグマだまりにたまっています。そこがいっぱいになると、噴火口《ふんかこう》までマグマが上《あ》がってきて、噴《ふ》き出《だ》します。地表《ちひょう》に出《で》たら、すぐ冷《ひ》えて固《かた》まり、石《いし》となり、川《かわ》へ転《ころ》がり、だんだん小《ちい》さくなって、海《うみ》や湖《みずうみ》にたまり、堆積岩《たいせきがん》となります。その後《ご》、高《たか》い圧力《あつりょく》がかかって押《お》されたり、プレート（地殻《ちかく》）のしずみこみの動《うご》きにのったりして、地下《ちか》深《ふか》くへと移動《いどう》します。

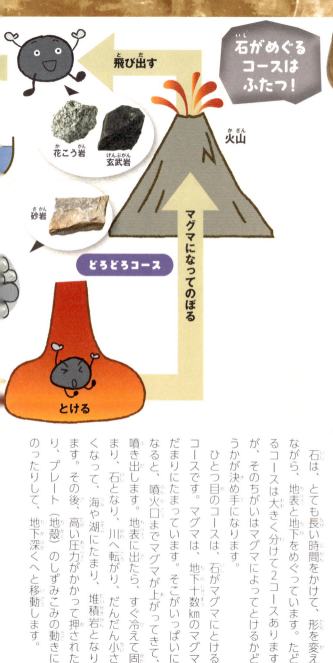

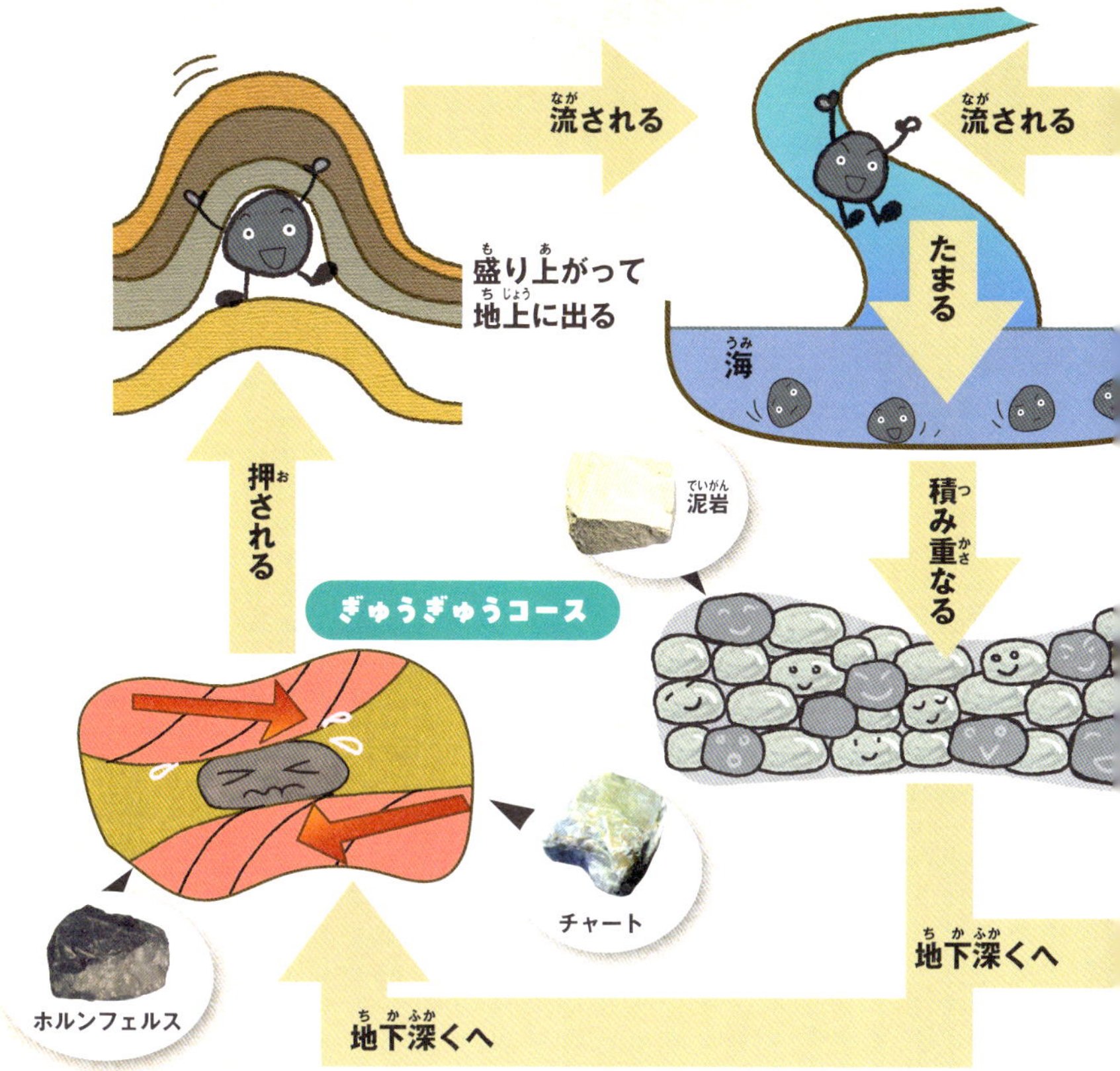

それからさらに地下深《ちかふか》くに移動《いどう》し、マグマのもとになったり、ゆっくり移動《いどう》を続《つづ》けたり、またマグマによってとけたりして、再《ふたた》び火成《かせい》岩《がん》としてのコースをたどります。

ふたつ目《め》のコースは、マグマのそばで熱《ねっ》せられることはあってもとけずに、高《たか》い圧力《あつりょく》によって固《かた》まった大《おお》きな地層《ちそう》ごと地表《ちひょう》に盛《も》り上《あ》がって出《で》てくるコースです。出《で》てきた岩石《がんせき》は雨水《あまみず》などにさらされ、しだいに欠《か》けたりくずれたりして、川《かわ》に流《なが》され小《ちい》さくなり、海《うみ》や湖《みずうみ》にたまり、また、高《たか》い圧力《あつりょく》で押《お》されます。

前《まえ》は火成岩《かせいがん》だった石《いし》がコースを変《か》えて次《つぎ》は変成岩《へんせいがん》になるコースをたどることもあれば、変成岩《へんせいがん》だった石《いし》がマグマにとけて火成岩《かせいがん》になるコースをたどることもあります。

山《やま》の岩石《がんせき》が川《かわ》を流《なが》れて海《うみ》にたどりつくには、約《やく》20～30年《ねん》かかりますが、地下《ちか》で固《かた》まってまた地表《ちひょう》に出《で》てくるまでには、何万年《なんまんねん》、何《なん》億年《おくねん》という月日《つきひ》が必要《ひつよう》なのです。

宇宙《うちゅう》からやって来《き》た石《いし》の正体《しょう たい》は？

石《いし》のなかには宇宙《うちゅう》から届《とど》くものもあり、それらを「隕石《いんせき》」といいます。

隕石《いんせき》は、太陽系《たいようけい》の木星《もくせい》の軌道《きどう》よりも内側《うちがわ》にある小惑星《しょうわくせい》のかけらで、そのほとんどが、太陽系《たいようけい》ができた初《はじ》めのころの石《いし》です。宇宙《うちゅう》を漂《ただよ》っているうちに、地球《ちきゅう》の引力《いんりょく》に引《ひ》きつけられて、地表《ちひょう》に向《む》かって落《お》ちてしまったものが隕石《いんせき》となります。

地表《ちひょう》まで落《お》ちてくる隕石《いんせき》は、1年《ねん》に約《やく》2万個《まんこ》と考《かんが》えられています。

隕石《いんせき》の内部《ないぶ》を調《しら》べることに

よって、45億《おく》年《ねん》以上《いじょう》も前《まえ》の太陽《たいよう》系《けい》の始《はじ》まりのころの状況《じょうきょう》がわかってきたり、惑星《わくせい》の内部《ないぶ》にあるものがわかってきたりします。それをもとに、地球《ちきゅう》の内部《ないぶ》のようすを予測《よそく》しているのです。

隕石《いんせき》は3種類《しゅるい》！

石《いし》でできている！

石質隕石《せきしついんせき》

地球《ちきゅう》で発見《はっけん》されている隕石《いんせき》の9割以上《わりいじょう》が石質隕石《せきしついんせき》。太陽系《たいようけい》ができたころに宇宙空間《うちゅうくうかん》でつくられた白《しろ》い球状《きゅうじょう》の「コンドリュール」がはっきり見《み》える。

石《いし》と鉄《てつ》でできている！

石鉄隕石《せきてついんせき》

岩石《がんせき》と鉄《てつ》が両方入《りょうほうはい》っている隕石《いんせき》。茶色《ちゃいろ》く見《み》える部分《ぶぶん》はカンラン石《せき》。白《しろ》っぽいところが鉄《てつ》。

ほとんど鉄《てつ》でできている！

鉄隕石《てついんせき》

惑星《わくせい》の中心部《ちゅうしんぶ》（核《かく》）がこわれて出《で》てきた、たくさんの鉄《てつ》と少《すこ》しのニッケルの合金《ごうきん》でできている。

石《いし》はかせのなるほどメモ

月《つき》の石《いし》ってどんなもの？

月面《げつめん》に転《ころ》がっている石《いし》を、宇宙《うちゅう》飛行士《ひこうし》が地球《ちきゅう》に持《も》ち帰《かえ》って調《しら》べたところ、その石《いし》はなんと大昔《おおむかし》の地球《ちきゅう》のプレート（地殻《ちかく》）のかけらだったのです。地球《ちきゅう》に隕石《いんせき》がぶつかったときに飛《と》びちった地球《ちきゅう》のかけらが、月《つき》に届《とど》いたと考《かんが》えられています。

月《つき》の石《いし》

コラム

「宇宙《うちゅう》じん」をつかまえよう

宇宙《うちゅう》じん
丸《まる》くてつやつやしている

1年《ねん》に約《やく》2万個《まんこ》も地球《ちきゅう》に飛《と》んで来《き》ている隕石《いんせき》ですが、発見《はっけん》されているのは、わずかです。

宇宙《うちゅう》からは、目《め》で確認《かくにん》できないほど小《ちい》さい「宇宙《うちゅう》じん」も、毎日《まいにち》降《ふ》ってきています。

「宇宙《うちゅう》じん」とは、宇宙《うちゅう》の星《ほし》からできている宇宙《うちゅう》のちりで、宇宙《うちゅう》空間《くうかん》にたくさん漂《ただよ》っています。そのなかの一部《いちぶ》が地球《ちきゅう》に降《ふ》ってきているのです。その量《りょう》は、なんと1年《ねん》で1トントラック約《やく》5000台分《だいぶん》。これだけの量《りょう》が降《ふ》ってきているので、みなさんも運《うん》がよければ、「宇宙《うちゅう》じん」をつかまえることができますよ。

宇宙《うちゅう》じんのつかまえ方《かた》

用意《ようい》するもの

プレパラート、ワセリン、顕微鏡《けんびきょう》

① プレパラートにワセリンをぬって、ベランダなどの外《そと》に1日《にち》くらい置《お》いておく。

② ①のプレパラートを顕微鏡《けんびきょう》で見《み》てみる。

3章《しょう》

どこにあるかな？
石《いし》を探《さが》しにいこう！

3章《しょう》 石《いし》を探《さが》しにいこう！

発見《はっけん》！道《みち》ばた・公園《こうえん》・学校《がっこう》で長《なが》く親《した》しまれている石《いし》

パンダがくっついたベンチ

カメの置物《おきもの》

大《おお》きな石《いし》が組《く》まれたジャブジャブ池《いけ》

みなさんが住《す》んでいる地域《ちいき》を歩《ある》いてみましょう。公園《こうえん》で使《つか》う設備《せつび》や、道《みち》ばたにどっしり構《かま》えた記念碑《きねんひ》、ずうっと前《まえ》から学校《がっこう》にある石像《せきぞう》など、長《なが》い間《あいだ》親《した》しまれてきた石《いし》がたくさん見《み》つかることでしょう。

大《おお》きな石《いし》は、ずっしりとした重《おも》さがあり安定感《あんていかん》があります。そのため、設置《せっち》された場所《ばしょ》から動《うご》くことはありません。また、石《いし》はがんじょうで、さまざまな形《かたち》をつくるのにも適《てき》しています。ですから、安心《あんしん》して使《つか》うことができますし、未来《みらい》に伝《つた》えていきたいことをきざんで残《のこ》すものとしても、石《いし》が選《えら》ばれてきたのです。

二宮金次郎像《にのみやきんじろうぞう》

学校《がっこう》の校庭《こうてい》にも残《のこ》っているかも？

貧《まず》しさに負《ま》けず、勉強《べんきょう》にはげんだ二宮《にのみや》金次郎《きんじろう》の像《ぞう》。今《いま》は少《すく》なくなっている。

テーブルとイス

公園《こうえん》には石《いし》を使《つか》った設備《せつび》がいろいろある。風雨《ふうう》にさらされてもくさらず、何《なに》かがぶつかっても簡単《かんたん》にはこわれない。

水飲《みずの》み場《ば》

日時計《ひどけい》

人《ひと》びとを守《まも》る！

道祖神《どうそじん》

大津波《おおつなみ》の到達点《とうたつてん》を示《しめ》す！

道《みち》ばたには、津波《つなみ》や災害《さいがい》を忘《わす》れないように記《しる》したり、有名《ゆうめい》な俳句《はいく》や詩《し》をきざんだり、土地《とち》の人《ひと》びとを疫病《えきびょう》から守《まも》るための祈《いの》りをこめたりした石碑《せきひ》などが置《お》かれている。

津波石碑《つなみせきひ》

石《いし》はかせのなるほどメモ

集落《しゅうらく》を守《まも》る？ 謎《なぞ》に満《み》ちた巨大《きょだい》な石像《せきぞう》

太平洋《たいへいよう》に浮《う》かぶ南《みなみ》の島《しま》、イースター島《とう》には、人《ひと》の何倍《なんばい》もの大《おお》きさのモアイ像《ぞう》が1000体以上《たいいじょう》あります。モアイ像《ぞう》は、集落《しゅうらく》の人《ひと》びとの守《まも》り神《がみ》ともいわれています。

モアイ像《ぞう》（イースター島《とう》）

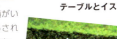

3章《しょう》 石《いし》を探《さが》しにいこう！

おしゃれ！人《ひと》の行《ゆ》き来《き》に役《やく》立《だ》つ 道《どう》路《ろ》の石《いし》を見《み》てみよう

石畳《いしだたみ》には安山岩《あんざんがん》が使《つか》われることが多《おお》いが、使《つか》われる石《いし》の種類《しゅるい》によって街《まち》の雰囲気《ふんいき》が変《か》わってくる。

ヨーロッパの国《くに》ぐにでは、当《あ》たり前《まえ》のように道路《どうろ》が石畳《いしだたみ》になっていますが、日本《にほん》ではおもに歩道《ほどう》や、神社《じんじゃ》やお寺《てら》の参道《さんどう》などに石畳《いしだたみ》が使《つか》われています。

石畳《いしだたみ》は、雨《あめ》が降《ふ》っても道《みち》がぬかるむことがないので、安心《あんしん》して通《とお》ることができます。そのうえ、コンクリートやアスファルトに比《くら》べ、おしゃれな雰囲気《ふんいき》をかもし出《だ》すことができるため、駅前広場《えきまえひろば》や街《まち》のメインストリートに取《と》り入《い》れられていることもあります。

また、石《いし》を組《く》んで橋《はし》をつくっ

埼玉県《さいたまけん》 川越街道《かわごえかいどう》

街道《かいどう》の始《はじ》まりをご案内《あんない》！

江戸時代《えどじだい》の重要《じゅうよう》な道《みち》にも石《いし》！

長野県《ながのけん》 木曽路《きそじ》

石《いし》がしかれた昔《むかし》の山道《やまみち》。石《いし》がしかれているとでこぼこした土《つち》の上《うえ》よりも歩《ある》きやすく、道《みち》に迷《まよ》いにくくもなる。

石《いし》を組《く》んで橋《はし》に！

長崎県《ながさきけん》 眼鏡橋《めがねばし》

800個以上《こいじょう》の安山岩《あんざんがん》を積《つ》んだ日本初《にほんはつ》の石《いし》でできたアーチ橋《きょう》。

東京都《とうきょうと》 丸《まる》の内《うち》

たり、大《おお》きな石《いし》に道《みち》の名前《なまえ》をきざんで目印《めじるし》にしたりするなど、人《ひと》の行《ゆ》き来《き》を助《たす》けるためにも石《いし》が使《つか》われています。

石《いし》はかせのなるほどメモ

車《くるま》の侵入《しんにゅう》を防《ふせ》ぐ「いけず石《いし》」

京都《きょうと》では、家《いえ》の敷地《しきち》の角《かど》に、これ以《い》上車《じょうくるま》が入《はい》ってこないように「いけず石《いし》」を置《お》いてある家《いえ》があります。

火《ひ》・水《みず》・風《かぜ》に強《つよ》い! 街《まち》で活躍《かつやく》する石《いし》、発見《はっけん》!

400℃の石窯《いしがま》でパリッと焼《や》く!

ピザ店《てん》の石窯《いしがま》
石《いし》にためこんだ熱《ねつ》を利用《りよう》して、高温《こうおん》で焼《や》いている。
※石《いし》のほかに、レンガやコンクリートでつくられたものもあります。

焼《や》き肉店《にくてん》
人気《にんき》メニュー、石焼《いしや》きビビンバのうつわも石《いし》!

焼《や》き芋《いも》売《う》り場《ば》
焼《や》き芋《いも》の下《した》に、温《あたた》めた小石《こいし》がしきつめられている。

おうちの人《ひと》と街《まち》へ出《で》かけたときは、ぜひゆっくり歩《ある》きながら石探《いしさが》しをしてみましょう。

高温《こうおん》に強《つよ》い石《いし》でできた窯《かま》で、ピザやパンを焼《や》いているお店《みせ》はありませんか? ずっしりと重《おも》そうな石臼《いしうす》が置《お》いてあるおそば屋《や》さんはありませんか?

ホテルやオフィスビルがあったら、正面玄関《しょうめんげんかん》のまわりを見《み》てみましょう。雨《あめ》や風《かぜ》に強《つよ》い、かたい石《いし》が使《つか》われているはずです。

このように、街《まち》には熱《ねつ》や水《みず》、風《かぜ》に強《つよ》い石《いし》が活躍《かつやく》している場所《ばしょ》がたくさんあります。ぜひ、おうちのホテルやオフィスビルの玄関《げんかん》には、花《か》こう岩《がん》などのしっかりしたかたい石《いし》が使《つか》われている。ロビーの壁《かべ》や床《ゆか》などには、表面《ひょうめん》の美《うつく》しい大理石《だいりせき》などが使《つか》われている。

雨《あめ》・風《かぜ》に強《つよ》い石《いし》で お客《きゃく》さんをお出迎《でむか》え！

ホテルの玄関《げんかん》

建物《たてもの》が完成《かんせい》した年月《ねんげつ》が記《しる》されている「定礎《ていそ》」。

ホテルのロビー

そば店《てん》の石臼《いしうす》

そば粉《こ》をつくるために、上段《じょうだん》の石《いし》をぐるぐる回《まわ》してそばの実《み》をすりつぶす。

カーリングのストーン

衝撃《しょうげき》に強《つよ》い花《か》こう岩《がん》を円形《えんけい》に加工《かこう》してつくっている。

※カーリングは一部《いちぶ》のスケート場《じょう》やスポーツ施設《しせつ》でおこなわれています。

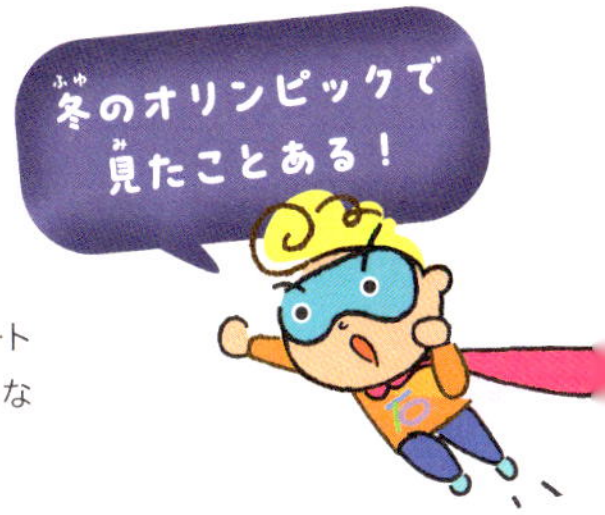

石《いし》はかせのなるほどメモ

力《ちから》を示《しめ》す！ 守《まも》る！ お城《しろ》の石垣《いしがき》

愛媛県《えひめけん》　松山城《まつやまじょう》

お城《しろ》の石垣《いしがき》は、お城《しろ》の土台《どだい》となるほか、殿様《とのさま》の力《ちから》を示《しめ》すためや、敵《てき》からお城《しろ》を守《まも》るためにつくられてきました。石《いし》を運《はこ》ぶ際《さい》に転《ころ》がって落《お》ちてしまった石《いし》は、「落城《らくじょう》」につながるとして二度《にど》と使《つか》われなかったそうです。

人《ひと》と石《いし》の使《つか》われ方《かた》をじっくり観察《かんさつ》しながら、街《まち》を歩《ある》いてみましょう。

神社《じんじゃ》やお寺《てら》で見《み》つけ！大事《だいじ》にされている石《いし》

神様《かみさま》の使《つか》い

きつね

牛《うし》

神社《じんじゃ》やお寺《てら》には、さまざまな意味《いみ》をもったたくさんの石《いし》があります。

参道《さんどう》にしかれている石《いし》は、お参《まい》りの前《まえ》に心《こころ》を落《お》ち着《つ》かせ、お清《きよ》めをするという意味《いみ》があります。

神社《じんじゃ》の本殿《ほんでん》の前《まえ》に置《お》かれている狛犬《こまいぬ》は、悪《わる》いものをはらいのけ、神様《かみさま》を守《まも》っています。

お寺《てら》に行《い》ったときに、石《いし》がいくつか置《お》かれていたり、水《みず》の波紋《はもん》のようなもようを砂《すな》でえがいていたりする庭《にわ》を見《み》たことがありますか？　これは

ちなみに、お墓《はか》の石《いし》には雨《あめ》や風《かぜ》に強《つよ》い花《か》こう岩《がん》が使《つか》われていることが多《おお》いよ

お清《きよ》めに！

玉砂利《たまじゃり》
玉砂利《たまじゃり》を踏《ふ》むと鳴《な》る「ジャリジャリ」という音《おと》も、悪《わる》いものをはらいのけることにつながるといわれている。

小石《こいし》が集《あつ》まった大《おお》きな石《いし》

さざれ石《いし》 たくさんの小石《こいし》が集《あつ》まって大《おお》きな石《いし》になったもの。「君《きみ》が代《よ》」の歌詞《かし》にも登場《とうじょう》する。

石《いし》や砂《すな》で水《みず》を表《あらわ》す

枯山水《かれさんすい》 砂《すな》のもようは専用《せんよう》のほうきで整《ととの》えられる。これもお坊《ぼう》さんの修行《しゅぎょう》のひとつなんだって。

狛犬《こまいぬ》

ほかにもいろいろ！ 石発見《いしはっけん》！

石段《いしだん》
のぼるごとに心《こころ》を清《きよ》め、神仏《しんぶつ》を敬《うやま》うことにつながるとされている。

石灯籠《いしどうろう》
亡《な》くなった人《ひと》が道《みち》に迷《まよ》わないように灯《あか》りをともす。

要石《かなめいし》
地震《じしん》を起《お》こす大《おお》なまずを押《お》さえこんでいるといわれる石《いし》。

砂《すな》や石《いし》で水《みず》を表《あらわ》し、極楽浄土《ごくらくじょうど》（苦《くる》しみのない安楽《あんらく》な世界《せかい》）を表現《ひょうげん》しているのです。神社《じんじゃ》やお寺《てら》をおとずれた際《さい》は、石《いし》に注目《ちゅうもく》してみましょう。

川原《かわら》や海辺《うみべ》では、どんな石《いし》が見《み》つかるかな？

ゴツゴツした上流《じょうりゅう》の石《いし》

角《かど》が取《と》れてきた中流《ちゅうりゅう》の石《いし》

川《かわ》や海《うみ》は、水《みず》の力《ちから》によって石《いし》が移動《いどう》したり形《かたち》を変《か》えたりしやすい場所《ばしょ》です。

上流《じょうりゅう》・中流《ちゅうりゅう》・下流《かりゅう》と川《かわ》を下《くだ》るにつれ、石《いし》は角《かど》が取《と》れて丸《まる》みをおび、だんだんと小《ちい》さくなっていきます。川《かわ》の上流《じょうりゅう》の山《やま》の特徴《とくちょう》や、川《かわ》の途中《とちゅう》の土地《とち》の特徴《とくちょう》によって、どんな石《いし》が流《なが》れ着《つ》いているかがちがってきますよ。

海《うみ》には、川《かわ》から流《なが》れついた石《いし》に加《くわ》え、海岸付近《かいがんふきん》の地殻変動《ちかくへんどう》によってあらわれた岩山《いわやま》や、がけから直接《ちょくせつ》落《お》ちてきた石《いし》などもあります。

川《かわ》や海《うみ》へ出《で》かけたら、まわりの土地《とち》の

ひとつの川《かわ》を上流《じょうりゅう》から下流《かりゅう》までたどってみるのもおもしろそう！
ISHI

川《かわ》の下流《かりゅう》や海岸《かいがん》には、てのひらにのるくらいの小石《こいし》がたくさん。ころころとした丸《まる》い小石《こいし》が多《おお》いのか、それとも平《ひら》たい小石《こいし》が多《おお》いのか、場所《ばしょ》を移動《いどう》しながら比《くら》べてみよう。

磯《いそ》は、海底《かいてい》の岩《いわ》が
海面《かいめん》にあらわれるため
ゴツゴツしている

小《ちい》さく丸《まる》みをおびた
海岸《かいがん》の石《いし》

小《ちい》さなつぶになった
海岸《かいがん》の砂《すな》

石《いし》はかせのなるほどメモ

持《も》って帰《かえ》ってはいけない石《いし》もある！

めずらしい石《いし》は、天然記念物《てんねんきねんぶつ》などに指定《してい》されていることも多《おお》く、持《も》ち出《だ》し禁止《きんし》となっているので、看板《かんばん》などで確認《かくにん》しましょう。

ホノホシ海岸《かいがん》の丸《まる》い石《いし》

荒波《あらなみ》にもまれて、がらがらごろごろ音《おと》を立《た》てながら丸《まる》くなった。石《いし》を持《も》ち出《だ》すと災《わざわ》いが起《お》こるといわれている。

鹿児島県《かごしまけん》

碁石海岸《ごいしかいがん》の黒《くろ》くて丸《まる》い石《いし》

黒《くろ》い泥岩《でいがん》が波《なみ》に洗《あら》われて碁石《ごいし》のように丸《まる》くなった。国立公園《こくりつこうえん》のため、石《いし》の持《も》ち出《だ》しは禁止《きんし》されている。

岩手県《いわてけん》

特徴《とくちょう》にも注目《ちゅうもく》しながら石探《いしさが》しをしてみましょう。

雨《あめ》でもすべりにくい！

敷石《しきいし》

3章《しょう》 石《いし》を探《さが》しにいこう！

石《いし》の特性《とくせい》をいかして家《いえ》の中《なか》でも石《いし》が大活躍《だいかつやく》

縁側《えんがわ》からの出入《でい》り用《よう》

くつぬぎ石《いし》

家《いえ》のまわりや家《いえ》の中《なか》でも、石《いし》はいろいろな場面《ばめん》で使《つか》われています。

家《いえ》の外側《そとがわ》と内側《うちがわ》の出入《でい》りをしやすくしている石《いし》、水《すい》そうの水《みず》をきれいにしている石《いし》、包丁《ほうちょう》を研《と》ぐための石《いし》など、それぞれの目的《もくてき》に合《あ》った石《いし》が、道具《どうぐ》として使《つか》われているのです。

みなさんが学校《がっこう》で使《つか》う道具《どうぐ》のひとつ、書道《しょどう》の「すずり」もじつは石《いし》です。墨《すみ》をすりやすい石《いし》でできています。

ほかにも、どんなことに石《いし》が使《つか》われているか、おうちの人《ひと》にも話《はなし》を聞《き》きながら探《さが》してみましょう。

書道《しょどう》の墨《すみ》をする！

すずりも石《いし》なのか～

すずり

書道《しょどう》のすずりや黒《くろ》い碁石《ごいし》には、粘板岩《ねんばんがん》が使《つか》われている。

※ほかの素材《そざい》でできているすずりや碁石《ごいし》もあります。

水《みず》をきれいに保《たも》つ！

囲碁用《いごよう》

黒《くろ》い碁石《ごいし》

水《すい》そう用《よう》の石《いし》

よごれやにおいを減《へ》らす効果《こうか》のある石《いし》が使《つか》われている。

おうちの人《ひと》が使《つか》っているかも？

漬物石《つけものいし》

砥石《といし》

宝石《ほうせき》

石《いし》はかせのなるほどメモ

台風《たいふう》から家《いえ》を守《まも》る石垣《いしがき》

沖縄地方《おきなわちほう》は台風《たいふう》の通《とお》り道《みち》にあるため、台風対策《たいふうたいさく》はかかせません。昔《むかし》から家《いえ》のまわりを琉球石灰岩《りゅうきゅうせっかいがん》などを使《つか》った石垣《いしがき》で囲《かこ》み、暴風雨《ぼうふうう》から家《いえ》を守《まも》っています。

大迫《だいはく》力《りょく》にびっくり！特《とく》別《べつ》な場《ば》所《しょ》にある石《いし》

宮崎県《みやざきけん》 高千穂峡《たかちほきょう》

火山灰《かざんばい》や軽石《かるいし》が固《かた》まってできた石《いし》の柱《はしら》

山口県《やまぐちけん》 秋芳洞《あきよしどう》

石灰岩《せっかいがん》がとけてできた！

山口県《やまぐちけん》 秋吉台《あきよしだい》

秋吉台《あきよしだい》は、石灰岩《せっかいがん》でできた「カルスト台地《だいち》」。その地下《ちか》には、石灰岩《せっかいがん》が水《みず》にとけてできた鍾乳洞《しょうにゅうどう》の秋芳洞《あきよしどう》がある。

山《やま》や川《かわ》などをおとずれると、とても大《おお》きくて迫力《はくりょく》のある石《いし》に出合《であ》うことがあります。

それは、何万年《なんまんねん》という単位《たんい》で流《なが》れてきた時《とき》のなかで、自然《しぜん》の力《ちから》によってつくり出《だ》されてきた石《いし》の姿《すがた》であったり、人《ひと》の手《て》によって石《いし》が切《き》り出《だ》されたあとの姿《すがた》であったりします。その場《ば》に立《た》って、迫力《はくりょく》ある石《いし》のパワーを感《かん》じたり、石《いし》を通《とお》して昔《むかし》の地球《ちきゅう》や人《ひと》びとの活動《かつどう》を想像《そうぞう》したりしてみるのもいいですね。

大坂城《おおさかじょう》の石垣《いしがき》に使《つか》う石《いし》を切《き》り出《だ》した跡《あと》が！

香川県《かがわけん》　天狗丁場跡《てんぐちょうばあと》

浅間山《あさまやま》の噴火《ふんか》で出《で》た溶岩《ようがん》

群馬県《ぐんまけん》　鬼押《おにお》し出《だ》し

地下《ちか》にある採掘場跡《さいくつじょうあと》

栃木県《とちぎけん》　大谷資料館《おおやしりょうかん》

熱《ねつ》に強《つよ》く加工《かこう》もしやすい大谷石《おおやいし》の地《ち》下採掘場跡《かさいくつじょうあと》は、約《やく》40年前《ねんまえ》まで石《いし》を切《き》り出《だ》していた場所《ばしょ》。野球場《やきゅうじょう》ひとつ分《ぶん》もある広《ひろ》さをいかし、現在《げんざい》ではコンサートや演劇《えんげき》をおこなうこともある。

昔《むかし》の古墳《こふん》や遺跡《いせき》にも！

奈良県《ならけん》　石舞台古墳《いしぶたいこふん》

秋田県《あきたけん》　大湯環状列石《おおゆかんじょうれっせき》

石《いし》を通《つう》じて昔《むかし》の人《ひと》の活動《かつどう》を想像《そうぞう》してみよう！

石《いし》はかせのなるほどメモ

世界《せかい》にある！　自然《しぜん》にできた巨大《きょだい》な石《いし》

世界最大級《せかいさいだいきゅう》の石《いし》

オーストラリアのウルル（エアーズロック）は山《やま》のように大《おお》きいけれど、ひとつの石《いし》です。

キノコみたいな岩《いわ》

トルコのカッパドキアのキノコ岩《いわ》は、雨《あめ》や風《かぜ》にけずられ、キノコみたいな形《かたち》になりました。

コラム

石《いし》の穴《あな》にはワケがある！

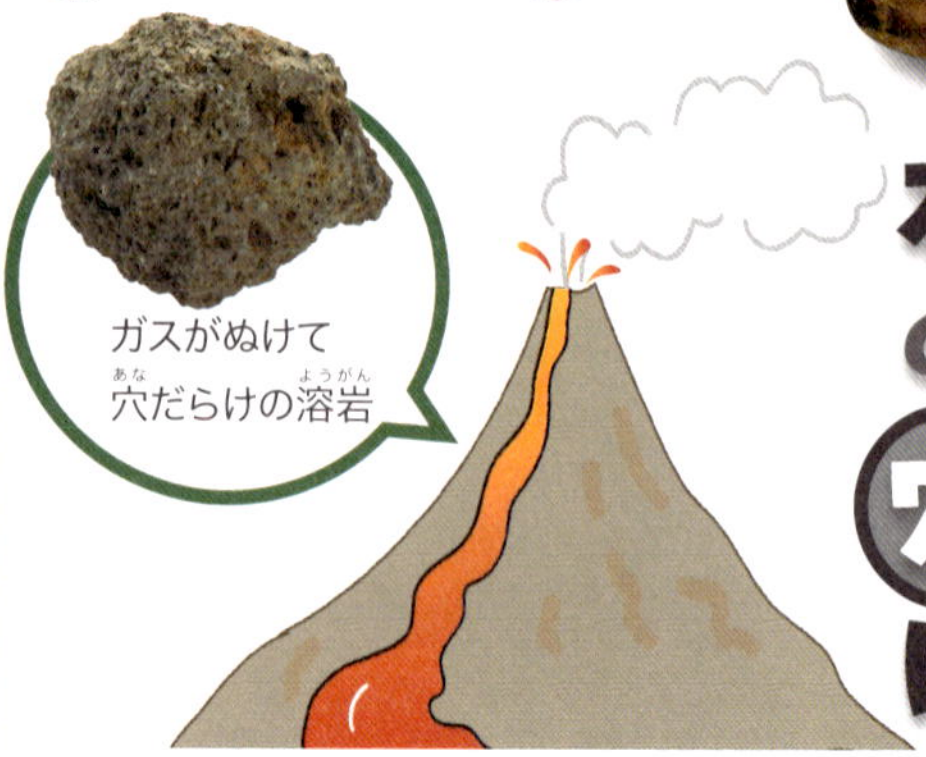
ガスがぬけて
穴《あな》だらけの溶岩《ようがん》

石《いし》を見《み》ていると、穴《あな》のあいた石《いし》が見《み》つかります。何《なに》が起《お》きて穴《あな》があいたのでしょう。

軽石《かるいし》や溶岩《ようがん》の穴《あな》は、火山《かざん》が噴火《ふんか》して溶岩《ようがん》が飛《と》び出《だ》したあと、急激《きゅうげき》に冷《ひ》えて固《かた》まるときにガスがぬけたことでできます。

海辺《うみべ》にある泥岩《でいがん》や砂岩《さがん》に穴《あな》があいていたら、それは貝《かい》のしわざかもしれません（※）。

二枚貝《にまいがい》のニオ貝《がい》やカモメ貝《がい》は、やすりのようになった貝殻《かいがら》を回転《かいてん》させて石《いし》に穴《あな》をあけ、そこにすみつきます。イシマテ貝《がい》は酸《さん》を出《だ》して石《いし》をとかし、穴《あな》をあけてすみつきます。これらのあとが穴《あな》になって残《のこ》っています。

貝《かい》に穴《あな》をあけられた石《いし》

イシマテ貝《がい》
石《いし》をとかして穴《あな》をあけるよ！

タフォニ
石《いし》に海水《かいすい》がしみこみ、塩《しお》の結晶《けっしょう》となったあと、雨水《あまみず》などでとけだしたあとが穴《あな》になっている。

ガスや貝《かい》が石《いし》に穴《あな》をあけるなんて！

※貝《かい》のほかにも、昆虫《こんちゅう》なども石《いし》に穴《あな》をあけます。

4章《しょう》

集《あつ》めて！遊《あそ》んで！観《かん》察《さつ》して！
石《いし》となかよくなろう！

4章《しょう》 石《いし》となかよくなろう!

お気《き》に入《い》りの石《いし》を集《あつ》めよう!

石《いし》は身近《みぢか》なところにたくさん転《ころ》がっていますね。手《て》に取《と》って色《いろ》や形《かたち》、さわり心地《ごこち》などを調《しら》べると、お気《き》に入《い》りが見《み》つかりますよ。

まずは、身近《みぢか》な場所《ばしょ》で気《き》に入《い》った石《いし》を集《あつ》めて、世界《せかい》にひとつだけの石《いし》コレクションをつくってみましょう。

さらにもう一歩《いっぽ》、石《いし》コレクションを極《きわ》めたい人《ひと》は、場所《ばしょ》を特定《とくてい》して、そこにあるいろいろな種類《しゅるい》の石《いし》を集《あつ》めてみたり、青色系《あおいろけい》の石《いし》などと限定《げんてい》して、いくつ集《あつ》められるか挑戦《ちょうせん》してみたりしてもいいでしょう。

きみのお気《き》に入《い》りはどんな石《いし》?

きみがいいなと思《おも》う石《いし》を見《み》つければOK《オーケー》！

きれいな石《いし》
キラキラ
しましま
好《す》きな色《いろ》
さわり心地のいい石《いし》
つるつる
すべすべ
おもしろい形《かたち》の石《いし》
ハート？
魚《さかな》？
いい音《おと》がする石《いし》
コンコン
カチカチ

クローズアップ

石探《いしさが》しに行《い》くときのやくそく

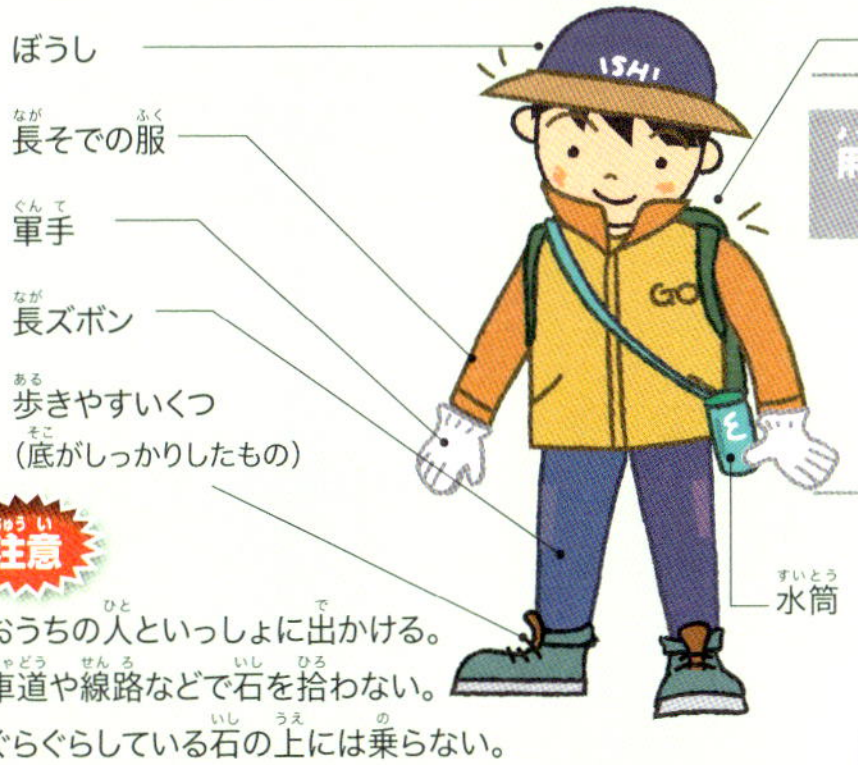

ぼうし
長《なが》そでの服《ふく》
軍手《ぐんて》
長《なが》ズボン
歩《ある》きやすいくつ
（底《そこ》がしっかりしたもの）
水筒《すいとう》
リュックサック

用意《ようい》するもの

・ポリぶくろ（または小《ちい》さいバケツ）
・スマートフォンやデジタルカメラ
・虫《むし》めがね
・ペン・メモ帳《ちょう》
・タオル

注意《ちゅうい》

・おうちの人《ひと》といっしょに出《で》かける。
・車道《しゃどう》や線路《せんろ》などで石《いし》を拾《ひろ》わない。
・ぐらぐらしている石《いし》の上《うえ》には乗《の》らない。
・1か所《しょ》でたくさん取《と》らない。
・人《ひと》や車《くるま》の通《とお》り道《みち》に石《いし》を置《お》いたり、投《な》げたりしない。
・大雨《おおあめ》や増水《ぞうすい》、高潮《たかしお》、雷《かみなり》、地震《じしん》などの注意情報《ちゅういじょうほう》を確認《かくにん》する。
・クマやスズメバチなど危険《きけん》な生物《せいぶつ》の目撃情報《もくげきじょうほう》がないか確認《かくにん》しておく。

持《も》って帰《かえ》ってはいけない石《いし》もあるよ！

国立公園《こくりつこうえん》や神社《じんじゃ》の石《いし》、天然記念《てんねんきねん》物《ぶつ》などに指定《してい》されている石《いし》、だれかの家《いえ》の石《いし》、ホテルの庭《にわ》やマンションのしき地《ち》にしかれている石《いし》などは持《も》ち帰《かえ》らないでね。（→P75）

4章《しょう》 石《いし》となかよくなろう！

どんな旅《たび》の途《と》中《ちゅう》かな？ 石《いし》をさわって予《よ》想《そう》しよう

すべすべしていたら…

角《かど》が取《と》れて、丸《まる》くなっている。まだ大《おお》きいので、川《かわ》の中流《ちゅうりゅう》あたりの石《いし》かもしれない。

ざらざらしていたら…

表面《ひょうめん》がざらざらしていて、角《かど》が残《のこ》っている。大《おお》きな岩《いわ》からくだけて落《お》ちたばかりかもしれない。

気《き》になる石《いし》を見《み》つけたら、まずはその場《ば》で手《て》に取《と》ってさわり心地《ごこち》を確《たし》かめてみましょう。すべすべした石《いし》、ざらざらした石《いし》など、表《ひょう》面《めん》のちがいが気《き》になってくるはずです。石《いし》の表面《ひょうめん》のようすから、その石《いし》がたどってきた旅《たび》のルートがなんとなく想像《そうぞう》できます。

何万年《なんまんねん》もの間《あいだ》、地下《ちか》で過《す》ごしたあと、地上《ちじょう》に出《で》てきた石《いし》が海《うみ》までたどりつくまで20〜30年《ねん》もかかります。その旅《たび》の途中《とちゅう》で、みなさんと出合《であ》っているわけです。

地上《ちじょう》にあらわれて旅《たび》を始《はじ》めたばかりの石《いし》は、石《いし》どうしがこすれ

ゴツゴツしていたら…

ゴツゴツしていて、まっすぐな切《き》り口《くち》。これは、石切場《いしきりば》で人《ひと》の手《て》によって割《わ》られたものかもしれない。

つるつるしていたら…

表面《ひょうめん》がつるつるしていてボールに近《ちか》い形《かたち》。海《うみ》に着《つ》いて、波《なみ》で転《ころ》がされてほかの石《いし》とぶつかり合《あ》っていたのかもしれない。

合《あ》ってけずれていないので、角《かど》ばっていたりざらついていたりするでしょう。反対《はんたい》に、表面《ひょうめん》がなめらかで、丸《まる》い形《かたち》に近《ちか》づけば近《ちか》づくほど、地上《ちじょう》で長《なが》い旅《たび》をして海《うみ》に近《ちか》づいた石《いし》だと想像《そうぞう》できるのです。

みなさんが手《て》に取《と》った石《いし》はどんな旅《たび》の途中《とちゅう》なのか、さわって想像《そうぞう》をふくらませてみましょう。

石《いし》はかせのなるほどメモ

公園《こうえん》の石《いし》はどこからくるの？

公園《こうえん》にしかれた石《いし》や、砂利道《じゃりみち》の石《いし》の多《おお》くは、川《かわ》の工事《こうじ》で、川底《かわぞこ》を掘《ほ》る作《さ》業《ぎょう》をしたときに出《で》てきた石《いし》を運《はこ》んで使《つか》っています。

石《いし》に入《はい》ったつぶつぶを探《さが》そう!

WANTED

ざくろ石《いし》

丸《まる》っこい形《かたち》をしている。

くだもののザクロ

石《いし》に入《はい》っているようす

いろいろな石《いし》を虫《むし》めがねでじっくり見《み》てみましょう。キラキラしたつぶが入《はい》っていませんか?

このキラキラしたつぶは、マグマによってできた鉱物《こうぶつ》です。石《いし》には、いろいろな鉱物《こうぶつ》がふくまれています。

たとえば、上《うえ》の写真《しゃしん》の赤《あか》いざくろ石《いし》は、赤《あか》くて丸《まる》っこい形《かたち》がくだもののザクロの実《み》に似《に》ていて、いろいろな火成岩《かせいがん》に入《はい》っています。

このように石《いし》の中《なか》に気《き》になる輝《かがや》きや色《いろ》、形《かたち》の鉱物《こうぶつ》があったら、その鉱物《こうぶつ》がほかにはどんな石《いし》に入《はい》っているのかを調《しら》べていくと、鉱物《こうぶつ》

つぶつぶ

とうめいのつぶつぶ！

石英《せきえい》

いろいろな形《かたち》で、すきとおってキラキラしている。

緑色《みどりいろ》のキラキラしたつぶつぶ！

かんらん石《せき》

短《みじか》い柱《はしら》の形《かたち》で、すきとおった黄緑色《きみどりいろ》や緑色《みどりいろ》をしている。

石《いし》はかせのなるほどメモ

顕微鏡《けんびきょう》で見《み》ると別物《べつもの》みたい！

博物館《はくぶつかん》へ行《い》ったら、岩《がん》石《せき》のコーナーの顕微鏡《けんびきょう》をのぞいてみましょう。虫《むし》めがねで見《み》たときとはまったくちがうようすにおどろくでしょう。また、虫《むし》めがねでは確《かく》認《にん》できなかった細《こま》かい鉱物《こうぶつ》のつぶがはっきりと見《み》えるなど、石《いし》のことをもっと深《ふか》く知《し》ることができますよ！

偏光顕微鏡《へんこうけんびきょう》で見《み》た花《か》こう岩《がん》

光《ひかり》の当《あ》て方《かた》を変《か》えるとちがう色《いろ》に見《み》える。

の旅《たび》を想像《そうぞう》することができます。また、目的《もくてき》の鉱物《こうぶつ》を探《さが》しているなかで、ほかにも気《き》になる鉱物《こうぶつ》が出《で》てくることもあるでしょう。

虫《むし》めがね片手《かたて》に、まるで宝探《たからさが》しをしているような感覚《かんかく》で、石《いし》の中《なか》の小《ちい》さな世界《せかい》を観察《かんさつ》することを楽《たの》しみましょう。

石《いし》のかたさを比《くら》べよう

石《いし》のなかには、手《て》から地面《じめん》に落《お》としただけでこなごなになってしまう石《いし》もあれば、上《うえ》に乗《の》ってもびくともしない石《いし》もあります。石《いし》や鉱物《こうぶつ》のなかでいちばんかたいものはダイヤモンドで、かたいものをけずるときにダイヤモンドを利用《りよう》するほどです。

では、身近《みぢか》な石《いし》では、どんな石《いし》がかたいのでしょうか。調《しら》べてみたくなりますね。いろいろな石《いし》を集《あつ》めて、石《いし》のかたさ比《くら》べをしてみましょう。

色《いろ》やもようのちがうふたつの石《いし》を、こすり合《あ》わせてみましょう。

どれくらいかたいかな？

何《なに》で傷《きず》がつけられるかで、石《いし》がどれくらいかたいかわかるよ。

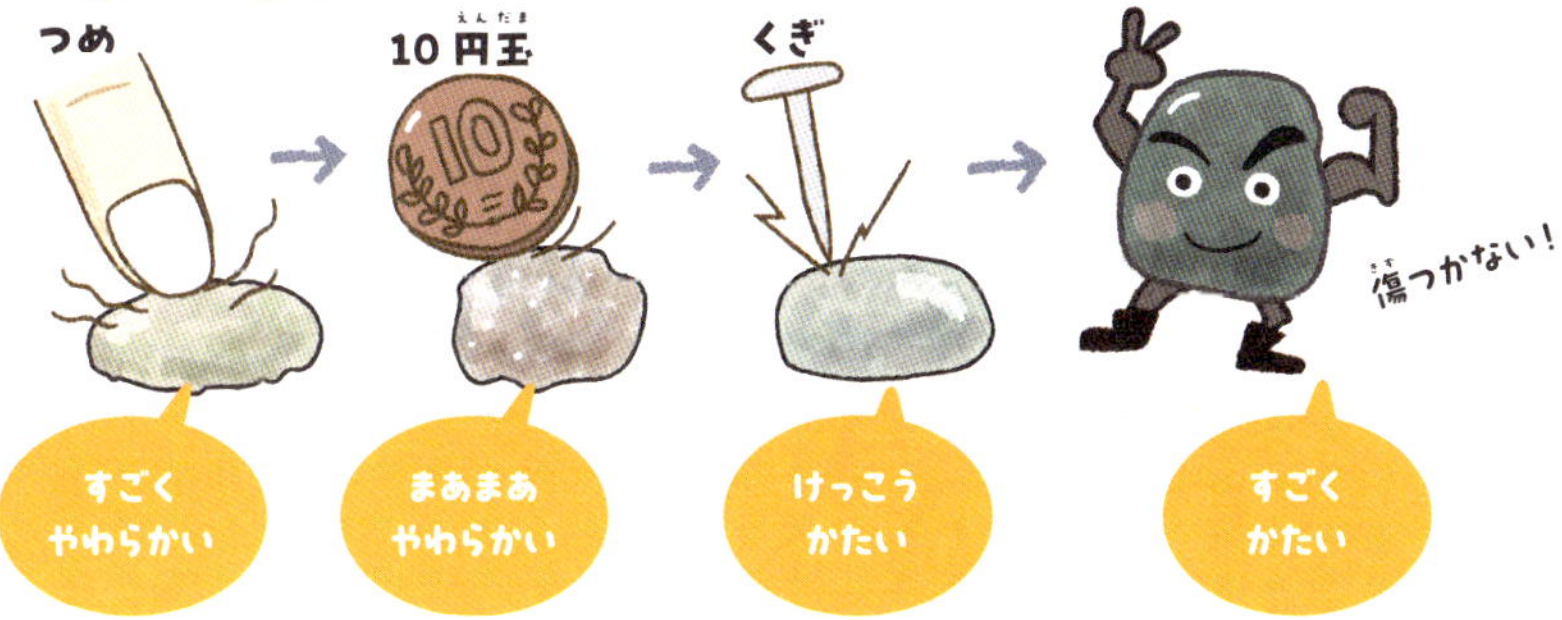
つめ
10円玉《えんだま》
くぎ
傷《きず》つかない！
すごく やわらかい
まあまあ やわらかい
けっこう かたい
すごく かたい

どうしてかたい石《いし》とやわらかい石《いし》があるの？

石《いし》のなかには、人《ひと》のつめでひっかいただけで傷《きず》がつくくらいやわらかい石《いし》もあれば、ナイフの刃《は》よりかたい石《いし》もあります。石《いし》のかたさは、石《いし》にふくまれる鉱物《こうぶつ》のかたさや、鉱物《こうぶつ》のつまり具《ぐ》合《あい》（すきまがあるかどうか）が関係《かんけい》しています。ちなみに、石《いし》の重《おも》さと石《いし》のかたさは関係《かんけい》がないといわれています。また、かたくても割《わ》れやすい石《いし》もあります。

かたい

花《か》こう岩《がん》はかたい鉱物《こうぶつ》の石英《せきえい》が多《おお》く、ぎっしりつまっているので石《いし》もかたい。

やわらかい

石灰岩《せっかいがん》はやわらかい鉱物《こうぶつ》の方解《ほうかい》石《せき》でできているので、石《いし》もやわらかい。

石《いし》はかせのなるほどメモ

びっくり！

くにゃんと曲《ま》がるコンニャク石《いし》

イタコルマイトという岩《がん》石《せき》は、鉱物《こうぶつ》の石英《せきえい》のつぶの間《あいだ》がすきまだらけのため、くにゃんと曲《ま》がる性《せい》質《しつ》があり、コンニャク石《いし》とよばれています。

どちらかに傷《きず》がついたり、けずれたりしませんか？　傷《きず》がついたほうが、よりやわらかい石《いし》です。石《いし》を取《と》り変《か》えて何度《なんど》かやってみると、どんな石《いし》がかたいのかわかってきます。

アスファルトに絵《え》がかける石《じ》ってどんな石《いし》？

石《いし》のなかには、アスファルトやコンクリートの地面《じめん》に、絵《え》や字《じ》がかけるものがあります。このような石《いし》は、アスファルトやコンクリートよりやわらかいため、こすると石《いし》の一部《いちぶ》がけずれ、その粉《こな》が地面《じめん》に残《のこ》るのです。

白《しろ》い粉《こな》の正体《しょうたい》は、パイロフィライトや、カオリナイトという鉱物《こうぶつ》で、どちらも白《しろ》い色《いろ》をしています。それらが、石《いし》からはがれて地面《じめん》にからまるため、かいたあとの線《せん》が白《しろ》くなるのです。

白《しろ》い字《じ》や絵《え》がかける石《いし》は、落書《らくが》きだけに使《つか》われてきたわけではあ

字《じ》や絵《え》がかける石《いし》として有名《ゆうめい》な「ろう石《せき》」

ろう石《せき》は、パイロフィライトやカオリン、絹雲《きぬうん》母《も》をふくむ石《いし》のこと。表面《ひょうめん》がろうそくのようにつやがあり、白《しろ》や灰色《はいいろ》、うすいピンク、うすい緑色《みどりいろ》をしている。表面《ひょうめん》の色《いろ》が白《しろ》くなくても、同《おな》じ鉱物《こうぶつ》が入《はい》っているので、どれも白《しろ》い字《じ》や絵《え》がかける。

りません。昔《むかし》は黒板《こくばん》に字《じ》を書《か》く道《どう》具《ぐ》として使《つか》われていました。今《いま》でも建設現場《けんせつげんば》、造船所《ぞうせんじょ》、鉄工所《てっこうじょ》などで、鉄板《てっぱん》や路面《ろめん》に記号《きごう》などをかいておくときに使《つか》われています。

石《いし》はかせのなるほどメモ

やわらかい石《いし》たち

滑石《かっせき》

鉱物《こうぶつ》のかたさを表《あらわ》す「モース硬度《こうど》」が「1」の、やわらかさナンバーワンの石《いし》。石《せっ》けんのようなすべすべとしたさわり心地《ごこち》。

カオリン石《せき》
（カオリナイト）

とてももろく、水《みず》にひたすとねんどになる石《いし》。焼《や》き物《もの》の材料《ざいりょう》などに利用《りよう》される。

写真提供：中津川市鉱物博物館

4章《しょう》 石《いし》となかよくなろう！

つるつるストーンにしよう！！

りんごをさわっているみたいで、気持《きも》ちいいよ！
ISHI

石《いし》はつねに風《かぜ》や雨《あめ》にさらされて、表面《ひょうめん》が少《すこ》しずつけずれて「風《ふう》化《か》」が進《すす》んでいるので、拾《ひろ》ったときは、くすんだ感《かん》じに見《み》えることが多《おお》いですね。くすんだままだと中《なか》に入《はい》っている鉱物《こうぶつ》の結晶《けっしょう》もよく見《み》えません。

そこで、石《いし》をつるつるにみがいてみましょう。「え？　石《いし》って自《じ》分《ぶん》でみがけるの？」とびっくりしている人《ひと》も多《おお》いかもしれません。そうです、紙《かみ》やすりという身近《みぢか》なアイテムを使《つか》えば、石《いし》はだれにでもみがけるのです。

石《いし》をみがくと見《み》ちがえるほどツヤツヤして、宝石《ほうせき》のような高級感《こうきゅうかん》

石《いし》をつるつるにする方法《ほうほう》

用意《ようい》するもの

- あるていど表面《ひょうめん》が平《たい》らになっていて、できるだけでこぼこのない石《いし》（洗《あら》ってかわかしておく）
- 耐水《たいすい》の紙《かみ》やすり
  （目《め》のあらい100～200番台《ばんだい》から、目《め》の細《こま》かい1000～2000番《ばん》までを４種類《しゅるい》くらい）
- 研磨剤《けんまざい》　・ぞうきん　・新聞紙《しんぶんし》や段《だん》ボール　・水《みず》

①平《たい》らな面《めん》をみがく

段《だん》ボールや折《お》りたたんだ新聞《しんぶん》紙《し》の上《うえ》に目《め》のあらい紙《かみ》やすりを置《お》き、紙《かみ》やすりに少《すこ》し水《みず》をたらしながら、石《いし》の平《たい》らな面《めん》をこすってみがいていく。

240番《ばん》
同《おな》じ面《めん》を
20~30分《ぷん》
みがこう！

②紙《かみ》やすりを変《か》えながらみがく

石《いし》を一度《いちど》水《みず》で洗《あら》い、２番目《ばんめ》に目《め》のあらい紙《かみ》やすりに変《か》えて同《おな》じようにみがく。その後《ご》もだんだん目《め》の細《こま》かい紙《かみ》やすりに変《か》え、最後《さいご》に水洗《みずあら》いする。

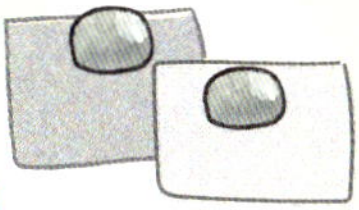
600番《ばん》→1000番《ばん》

③研磨剤《けんまざい》でみがいて仕上《しあ》げる

段《だん》ボールやぞうきんに少量《しょうりょう》の研磨剤《けんまざい》をたらし、その上《うえ》で石《いし》をみがき、つるつる光《ひか》ってきたら、できあがり！

ぞうきん

石《いし》はかせのなるほどメモ

どうしてつるつるになるの？

石《いし》をじっくりみがいていくと、表面《ひょうめん》のでこぼこがなくなり、なめらかになってきます。そのうえ、石《いし》のもようがはっきりと見《み》えるようになるため、つるつるになったと感《かん》じられるのです。

でこぼこ
石《いし》の表面《ひょうめん》
つるつる

も感《かん》じられるようになります。手《て》ざわりもよくなり、ペーパーウエイトにしたり、部屋《へや》をおしゃれにかざりたいときのアイテムにしたりと、みがいたあともいろいろな場面《ばめん》で使《つか》えます。

石《いし》をみがくのは根気《こんき》のいる作業《さぎょう》ではありますが、仕上《しあ》がったときの美《うつく》しさをイメージして、楽《たの》しみながら作業《さぎょう》してみましょう。

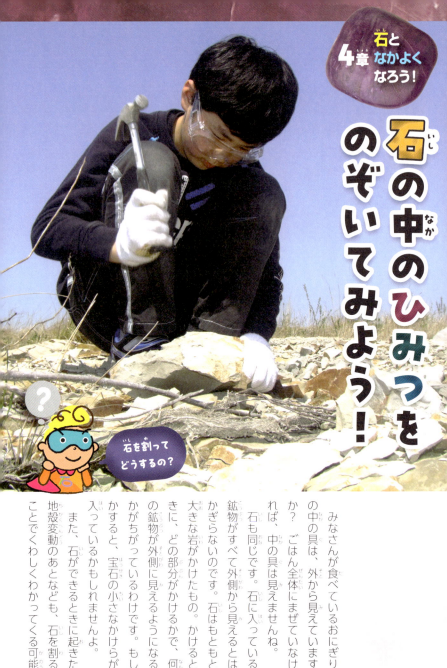

石《いし》の中《なか》のひみつをのぞいてみよう！

みなさんが食《た》べているおにぎりの中《なか》の具《ぐ》は、外《そと》から見《み》えていますか？　ごはん全体《ぜんたい》にまぜていなければ、中《なか》の具《ぐ》は見《み》えませんね。

石《いし》も同《おな》じです。石《いし》に入《はい》っている鉱物《こうぶつ》がすべて外側《そとがわ》から見《み》えるとはかぎらないのです。石《いし》はもともと大《おお》きな岩《いわ》がかけたもの。かけるときに、どの部分《ぶぶん》がかけるかで、何《なん》の鉱物《こうぶつ》が外側《そとがわ》に見《み》えるようになるかがちがっているわけです。もしかすると、宝石《ほうせき》の小《ち》さなかけらが入《はい》っているかもしれませんよ。

また、石《いし》ができるときに起《お》きた地殻変動《ちかくへんどう》のあとなども、石《いし》を割《わ》ることでくわしくわかってくる可能《かのう》

おうちの人《ひと》といっしょに石《いし》を割《わ》ってみよう！

用意《ようい》するもの

- ゴーグル（飛《と》んでくる石《いし》の破片《はへん》から目《め》を守《まも》るため）
- 石《いし》
- ハンマー（おうちの人《ひと》に相談《そうだん》して決《き》めよう。「コンクリートはつりハンマー」がおすすめ）
- 軍手《ぐんて》
- ポリ袋《ぶくろ》（石《いし》の破片《はへん》が遠《とお》くに飛《と》ぶのを防《ふせ》ぐため）
- 古《ふる》い布《ぬの》や木《き》の板《いた》

やり方《かた》

ハンマーでたたきやすい平《ひら》たい石《いし》を用意《ようい》し、ゴーグルや軍手《ぐんて》を身《み》につける。石《いし》の上《うえ》にとうめいなポリ袋《ぶくろ》をかぶせ、石《いし》の少《すこ》し上《うえ》からハンマーでたたく。

注意《ちゅうい》

石《いし》を割《わ》るときは、近《ちか》くに窓《まど》や人《ひと》、車《くるま》がないことを確認《かくにん》し、必《かなら》ずおうちの人《ひと》といっしょにおこなう。観《かん》察《さつ》が終《お》わったら、石《いし》と破片《はへん》は、きちんと片付《かたづ》けよう。

石《いし》はかせのなるほどメモ

石《いし》の研究者《けんきゅうしゃ》たちは必《かなら》ず石《いし》を割《わ》っている

博物館《はくぶつかん》や大学《だいがく》などで石《いし》について研究《けんきゅう》している人《ひと》たちは、石《いし》を構成《こうせい》する鉱物《こうぶつ》は何《なに》か、どんな環境《かんきょう》にあったかなどを調《しら》べるために、必《かなら》ず石《いし》を割《わ》って中《なか》を調《しら》べています。外《そと》の環境《かんきょう》にさらされていない状《じょう》態《たい》の石《いし》の成分《せいぶん》を調《しら》べることができるからです。さらに、すけるくらいのうすさに石《いし》をけずって、目《め》や虫《むし》めがねでは確認《かくにん》できないほど小《ちい》さな鉱物《こうぶつ》を、専用《せんよう》の顕微鏡《けんびきょう》で調《しら》べることもしています。

性《せい》もあります。さらに、石《いし》の割《わ》れ方《かた》自体《じたい》にも、それぞれの石《いし》の特徴《とくちょう》が出《で》てきます。

おうちの人《ひと》といっしょに、安全《あんぜん》に気《き》をつけながら、石《いし》を割《わ》ってみましょう。

4章《しょう》 石《いし》となかよくなろう！

すてき！かっこいい！お気《き》に入《い》りの石《いし》をかざろう！

紙《かみ》にはりつけたりきれいにならべたりしてかざろう！

石《いし》は自然《しぜん》の産物《さんぶつ》なので、人工《じんこう》のものではまねのできない風合《ふうあ》いをもっています。ひとつひとつ色《いろ》や形《かたち》がちがい、輝《かがや》きもちがいますね。それらにちょっと手《て》を加《くわ》えてかざるだけで、部屋《へや》の中《なか》を自然《しぜん》な雰囲《ふんい》気《き》に演出《えんしゅつ》してくれます。

壁《かべ》にかざるには、落《お》ちにくい小《ちい》さくて平《ひら》たい石《いし》がおすすめです。ほかにも、石《いし》の独特《どくとく》な形《かたち》をいかして、好《す》きな形をつくってかざるのもすてきですね。かざられた石《いし》をながめているだけで、石《いし》がかもし出《だ》すゆったりした時間《じかん》を味《あじ》わえるはずです。

びんに入《い》れたり、お皿《さら》にのせた

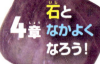

こんなかざり方《かた》も あるよ！

何《なに》かの形《かたち》に見《み》立《た》ててならべる

足《あし》の形《かたち》にしてみたよ！

好《す》きな形《かたち》に石《いし》をしきつめる

わくをつくれば、パズルにして遊《あそ》ぶこともできるかも

目玉《めだま》をつけてもGOOD《グッド》！

ならべるだけでもすてき！

石《いし》はかせのなるほどメモ

昔《むかし》の人《ひと》も石《いし》をならべて楽《たの》しんでいた!?

ペルーにある世界遺産《せかいいさん》「ナスカの地上絵《ちじょうえ》」は、濃《こ》い色《いろ》の石《いし》をどけて、その下《した》にあるうすい色《いろ》の石《いし》を見《み》せることで、鳥《とり》やサルなどの大《おお》きな絵《え》がえがかれていますが、なぜえがかれたのかは、なぞのままです。

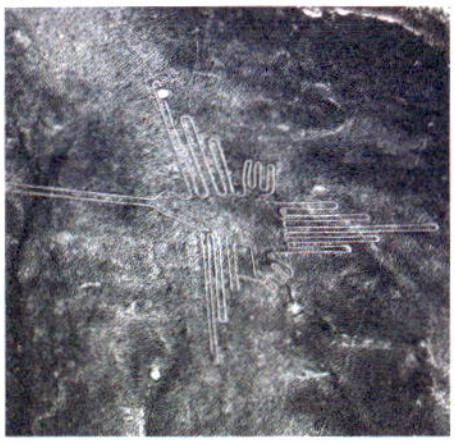

り、紙《かみ》ねんどに埋《う》めこんだり、自《じ》分《ぶん》なりにうつわを工夫《くふう》してもいいでしょう。海辺《うみべ》のおしゃれな雑貨《ざっか》屋《や》さん顔《かお》負《ま》けの、石《いし》のインテリアグッズにしてみましょう。

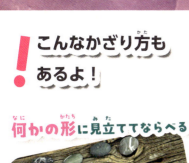

標《ひょう》本《ほん》箱《ばこ》をつくってみよう！

石《いし》を集《あつ》めて持《も》ち帰《かえ》ったあと、どうやって保管《ほかん》したらよいでしょう。石《いし》を拾《ひろ》ったときのことを覚《おぼ》えているうちに、きちんと整理《せいり》して大切《たいせつ》に保管《ほかん》しておきたいですね。

整理《せいり》する方法《ほうほう》としておすすめなのが、標本箱《ひょうほんばこ》への保管《ほかん》です。石《いし》の研究《けんきゅう》をしている人《ひと》たちも、研究材料《けんきゅうざいりょう》となる貴重《きちょう》な石《いし》を標本箱《ひょうほんばこ》で整理《せいり》・保管《ほかん》しています。売《う》られている箱《はこ》に入《い》れていくのもいいですが、お菓子《かし》の箱《はこ》などを使《つか》って手作《てづく》りすると、自分《じぶん》だけのオリジナルの標本箱《ひょうほんばこ》に仕上《しあ》がり、愛着《あいちゃく》がわきます。

石《いし》の名前《なまえ》や拾《ひろ》った場所《ばしょ》、日付《ひづけ》な

標本箱《ひょうほんばこ》のつくり方《かた》

お菓子《かし》の箱《はこ》などに入《い》れる場合《ばあい》は、3㎝くらいの石《いし》がオススメ！

石《いし》を集《あつ》めるとき	①標本箱《ひょうほんばこ》に入《い》れる石《いし》を拾《ひろ》う。 ②石《いし》を見《み》つけた場所《ばしょ》を写真《しゃしん》に撮《と》っておく。 ③集《あつ》めた川《かわ》や海《うみ》の名前《なまえ》、集《あつ》めた日付《ひづけ》をメモして、石《いし》といっしょにポリ袋《ふくろ》に入《い》れて持《も》ち帰《かえ》る。	用意《ようい》するもの ・ポリ袋《ぶくろ》 ・メモ用紙《ようし》 ・ペン ・デジタルカメラやスマートフォン
標本箱《ひょうほんばこ》をつくるとき	①持《も》ち帰《かえ》った石《いし》の名前《なまえ》を図鑑《ずかん》などで調《しら》べて、ラベルに記入《きにゅう》する。 ②集《あつ》めた日付《ひづけ》や集《あつ》めた場所《ばしょ》も書《か》く。 ③石《いし》とラベルをセットにして、標本箱《ひょうほんばこ》に入《い》れる。 標本名《ひょうほんめい》 花《か》こう岩《がん》 採集地《さいしゅうち》 ●●川中流《がわちゅうりゅう》 採集日《さいしゅうび》 ●年《ねん》●月《がつ》●日《にち》	用意《ようい》するもの ・石《いし》をならべる箱《はこ》 ・ラベル用《よう》の紙《かみ》 ・ペン ・木工用《もっこうよう》ボンド ・石《いし》の図鑑《ずかん》 図鑑《ずかん》やインターネットで調《しら》べても石《いし》の名前《なまえ》がわからなかったら、近《ちか》くの博物館《はくぶつかん》に連絡《れんらく》してから持《も》ちこんで、聞《き》いてみましょう。

石《いし》はかせのなるほどメモ

かっこいい標本箱《ひょうほんばこ》にするコツ

1 石《いし》を入《い》れる箱《はこ》を先《さき》に決《き》めます。しきりのあるものにすると、集《あつ》める数《かず》や石《いし》の大《おお》きさの目安《めやす》になります。

2 しきりにおさまる大《おお》きさの石《いし》を集《あつ》めます。石《いし》の大《おお》きさがそろっていると、上下左右《じょうげさゆう》を見比《みくら》べやすいので、ちがいに気《き》づきやすくなります。

どを記入《きにゅう》していけば、あっという間《ま》にできあがり。石《いし》がずらっとならんだようすをながめていると、ひとつひとつの石《いし》の特徴《とくちょう》が際立《きわだ》って見《み》えてきますね。

自分《じぶん》だけの石《いし》の図鑑《ずかん》をつくろう！

岩石名 軽石
見つけた日 2025年1月2日
採取地 静岡県伊豆半島大瀬崎の海岸
レア度 ★★★
はじめて拾った軽石。
ほんとうに軽い!! 白くて穴だらけ。

岩石名 よう岩 玄武岩？
見つけた日 2025年1月2日
採取地 静岡県伊豆半島大瀬崎の海岸
レア度 ★
よう岩だらけだった。波にけずられて
丸くなっていてかわいい。白いところは
何だろう？

岩石名 砂岩
見つけた日 2025年1月2日
採取地 静岡県伊豆半島大瀬崎の海岸
レア度 ★★
さわると少しざらっとしている。
砂岩はいっぱいあったけど
もようがついていたからこれにした。

石《いし》の情報《じょうほう》をたくさんストックしていくためには、図鑑《ずかん》にするのがいちばんです。図《ず》鑑《かん》と聞《き》くと、むずかしそうな印象《いんしょう》をもつかもしれませんが、そんなことはありません。遊《あそ》びで集《あつ》めるキャラクターやモンスターのカードの石《いし》バージョンだと考《かんが》えるとワクワクしませんか？

図鑑《ずかん》づくりのためにこだわりたいのは、なんといっても写真《しゃしん》です。デジタルカメラやスマートフォンのカメラ機能《きのう》を使《つか》って、ひとつの石《いし》をさまざまな方向《ほうこう》から撮《と》ってみましょう。そのなかから、お気《き》に入《い》りの写《しゃ》真《しん》を選《えら》ぶと自分《じぶん》だけの特別《とくべつ》な図鑑《ずかん》になりますよ。石《いし》に入《はい》っている鉱物《こうぶつ》のようすやもようまで写《うつ》せれば、プロ級《きゅう》ですね。

標本箱《ひょうほんばこ》とはちがって、図鑑《ずかん》のほうには細《こま》

こんなことを書《か》こう！

岩石名《がんせきめい》：礫岩《れきがん》（堆積岩《たいせきがん》）
見《み》つけた日《ひ》：〇年《ねん》〇月《がつ》〇日《にち》
採取地《さいしゅち》：〇県《けん》〇〇川《かわ》 中流《ちゅうりゅう》
レア度《ど》：★★
小《ちい》さい石《いし》が集《あつ》まったようなもよう。
すべすべしていて丸《まる》くなっている。
持《も》ったとき、ひんやりしていた。

写真《しゃしん》
石《いし》のもようが見《み》えるくらいにズームして撮影《さつえい》した写真《しゃしん》をはってもいいよ。

石《いし》の名前《なまえ》
火成岩《かせいがん》・堆積岩《たいせきがん》・変成岩《へんせいがん》のどれなのかもあわせて書《か》いておくといいよ。

見《み》つけた場所《ばしょ》と日付《ひづけ》
川《かわ》の場合《ばあい》は、上流《じょうりゅう》、中流《ちゅうりゅう》、下流《かりゅう》のうちのどのあたりなのかも書《か》いておこう。

石《いし》の特徴《とくちょう》や感想《かんそう》
目立《めだ》つもようや輝《かがや》いて見《み》えるもの、さわったときの感《かん》じなどを「石《いし》の特徴《とくちょう》」として書《か》こう。感《かん》じたことや気《き》になったことも感想《かんそう》として書《か》くといいよ。

レベル評価《ひょうか》
キラキラ度《ど》やすべすべ度《ど》、かたさなど、自分《じぶん》なりのこだわりを星《ほし》の数《かず》で表《あらわ》すと、楽《たの》しいものになるよ。

※ファイルに入《い》れるのか、穴《あな》をあけてひもで結《むす》ぶのか、とじ方《かた》も考《かんが》えておこう。

かい情報《じょうほう》も入《い》れられますので、石《いし》を手《て》に取《と》ったときに気《き》づいたことや感想《かんそう》をメモに残《のこ》しておくとよいでしょう。楽《たの》しい要素《ようそ》を加《くわ》えるなら、輝《かがや》き具合《ぐあい》や手《て》ざわりの具合《ぐあい》、かたさのレベルなどを星《ほし》の数《かず》で表《あらわ》してみてもおもしろそうです。

石《いし》はかせのなるほどメモ

石《いし》の研究者《けんきゅうしゃ》たちはここに注目《ちゅうもく》している！

石《いし》の研究《けんきゅう》をしている人《ひと》たちは、石《いし》をいろいろな角度《かくど》から観察《かんさつ》しています。どんな場所《ばしょ》で見《み》つけたのか、どんな鉱物《こうぶつ》が入《はい》っているのか、どんな地殻変動《ちかくへんどう》を受《う》けているのか、採取《さいしゅ》した場所《ばしょ》にはどのようにしてたどりついたのか、それらのヒントとなる情報《じょうほう》を探《さが》すのです。これらは、石《いし》を構成《こうせい》している鉱物《こうぶつ》の種類《しゅるい》やならび方《かた》、しまもようやすじの入《はい》り方《かた》、しわや穴《あな》のつき方《かた》などとしてあらわれるもので、地球《ちきゅう》の内部《ないぶ》のことを知《し》る手《て》がかりとして役立《やくだ》てています。

4章《しょう》 石《いし》となかよくなろう！

ストーンペイントでアーティスト気《き》分《ぶん》！

石《いし》はひとつひとつちがった形《かたち》をしていて、まったく同《おな》じ形《かたち》のものはありません。じっくりながめていると、何《なに》かの食《た》べ物《もの》に見《み》えてきたり、生《い》き物《もの》に見《み》えてきたりしませんか？

石《いし》に色《いろ》やもようをつけて楽《たの》しむことは、世界中《せかいじゅう》で昔《むかし》からおこなわれてきました。みなさんも、それぞれに思《おも》いついたままに、拾《ひろ》ってきた石《いし》に色《いろ》をぬったり、目《め》をつけたり、もようをえがいたりしてみましょう。たとえば、いろいろな色《いろ》の魚《さかな》をかいて、水族館《すいぞくかん》の世界《せかい》をつくってみたり、1から31までの数字《すうじ》をかっこよく書《か》いてストーン

遊《あそ》び方《かた》

用意《ようい》するもの

- 石《いし》
- アクリル絵《え》の具《ぐ》やカラーペン
- 絵筆《えふで》　・パレット　・えんぴつ
- 水《みず》　・新聞紙《しんぶんし》

jelly
fisy

準備《じゅんび》

使《つか》い古《ふる》した歯《は》ブラシなどで石《いし》のくぼみの中《なか》まできれいに水洗《みずあら》いし、かわかす。

やり方《かた》

①新聞紙《しんぶんし》の上《うえ》に色《いろ》をつけたい石《いし》を置《お》く。
②石《いし》の形《かたち》をよく見《み》て、どんなもようや色《いろ》をつけるか考《かんが》え、えんぴつでうすく下書《したが》きする。
③石《いし》に絵《え》の具《ぐ》などで色《いろ》をつける。水彩絵《すいさいえ》の具《ぐ》を使《つか》う場合《ばあい》は、水《みず》を少《すく》なめにし、色《いろ》がにじまないように気《き》をつける。目《め》をかくときは、綿棒《めんぼう》を使《つか》うと便利《べんり》。

物語《ものがたり》の場面風《ばめんふう》にする

ストーンペイントを極《きわ》めれば、こんな作品《さくひん》もできちゃうよ!

おうちの人《ひと》に最後《さいご》に「ニス」をぬってもらうと、つやが出《で》るよ!
ISHI

水族館《すいぞくかん》みたい？

カレンダーにしたり、表《おもて》だけに絵《え》をかいてトランプのように裏返《うらがえ》し、何《なに》がかいてあるか当《あ》てっこしたりと、さまざまに楽《たの》しむことができますよ。

外《そと》遊《あそ》びの定《てい》番《ばん》！ 石《いし》けり遊《あそ》びをやってみよう！

みなさんは、石《いし》けりを知《し》っていますか？ 地面《じめん》にいくつかマスをかいて、石《いし》をけりながら進《すす》んでいく遊《あそ》びです。たとえば、友《とも》だちの石《いし》が入《はい》っているマスをとびこえながらけんけんで進《すす》み、自分《じぶん》の石《いし》だけ拾《ひろ》ってもどるという遊《あそ》び方《かた》があります。

石《いし》けりの歴史《れきし》はとても古《ふる》く、古代《こだい》ローマまでさかのぼり、子《こ》どもたちが地面《じめん》に迷路《めいろ》をかいて、その上《うえ》で遊《あそ》んでいたことが始《はじ》まりではないかといわれています。

小石《こいし》ひとつあればできる手軽《てがる》な遊《あそ》びで、日本《にほん》でも昔《むかし》から親《した》しまれてきました。石《いし》をけりながら進《すす》んでいくという基本《きほん》のルール以外《いがい》に、地域《ちいき》ごとに異《こと》なるルールがあることも。晴《は》れた日《ひ》に、友《とも》だちをさそって、ぜひ石《いし》けり遊《あそ》びをやってみましょう。

遊《あそ》び方《かた》

13
14
12
10
11
9
7
8
6
5
3
4
2
1

公園《こうえん》などの土《つち》の上《うえ》に石《いし》や小枝《こえだ》でマスをかいてもできるよ！

準備《じゅんび》

地面《じめん》に「けんけんぱ」で進《すす》めるようにマスをかき、番号《ばんごう》をつけておく。

やり方《かた》

①自分《じぶん》の小石《こいし》を用意《ようい》して、①のマスにけり入《い》れる。

②石《いし》がうまくマスに入《はい》ったら、けんけんぱで最後《さいご》のマスまで進《すす》み、もどってくる。

③石《いし》がほかの番号《ばんごう》のマスに入《はい》ってしまったり、外《そと》にはみ出《だ》したりしたら、次《つぎ》の人《ひと》に交代《こうたい》する。

④②、③…と順番《じゅんばん》に入《い》れ、最後《さいご》のマスまでいちばん早《はや》く着《つ》いた人《ひと》の勝《か》ち。

マスのならび方《かた》をうずまきにしたり、ジグザグにしたりしても楽《たの》しそう。

こんな遊《あそ》び方《かた》もあるよ！　かかし

準備《じゅんび》

右《みぎ》の図《ず》のような番号入《ばんごうい》りのマスを地面《じめん》にかく。

石《いし》が入《はい》ったマスはとびこえるよ

やり方《かた》

①小石《こいし》を1のマスに入《い》れ、石《いし》の入《はい》っているマスをとびこえて、けんけんで10まで進《すす》む。できたら次《つぎ》の人《ひと》に交代《こうたい》。

②自分《じぶん》の番《ばん》が回《まわ》ってきたら、次《つぎ》は2のマスに石《いし》を投《な》げ入《い》れて、2のマスをとばして、けんけんで進《すす》む。

③石《いし》がマスに入《はい》らなかったり、マスの線《せん》を踏《ふ》んだりしたら、次《つぎ》の人《ひと》に交代《こうたい》。いちばん早《はや》く10まで着《つ》いた人《ひと》の勝《か》ち。

水切《みずき》りの達人《たつじん》になろう！

水面《すいめん》を何回《なんかい》はねるか、
競争《きょうそう》だ！

川《かわ》や海《うみ》で水切《みずき》りをしている人《ひと》を見《み》かけた、自分《じぶん》でもやったことがある、という人《ひと》は多《おお》いでしょう。水切《みずき》りは、遊《あそ》びのひとつでありつつ、水切《みずき》りの達人《たつじん》が参加《さんか》する国際大会《こくさいたいかい》が開《ひら》かれるほど、たくさんの人《ひと》が夢中《むちゅう》になる競技《きょうぎ》でもあります。大会《たいかい》によって、石《いし》が水面《すいめん》をはねた回数《かいすう》を競《きそ》う大会《たいかい》もあれば、石《いし》がどこまで進《すす》んだかという距離《きょり》を争《あらそ》う大会《たいかい》もあります。ちなみに、石《いし》が水面《すいめん》をはねた回数《かいすう》としては、88回《かい》が最多《さいた》とされています（※）。

みなさんが水切《みずき》りを、うまく成功《せいこう》させる重要《じゅうよう》なポイントは、使《つか》う道具《どうぐ》の「石《いし》」にかくされています。

まず、投《な》げやすい大《おお》きさの石《いし》で、形《かたち》は平《ひら》たいこと。初心者《しょしんしゃ》には、凝灰岩《ぎょうかいがん》がおすすめという説《せつ》もあります。また、投《な》げる速度《そくど》と石《いし》の重《おも》さがピッ

※2024年現在《ねんげんざい》の記録《きろく》です。

達人《たつじん》になるマル秘《ひ》テク

テク1 平《たい》らな小石《こいし》を選《えら》ぶ。

テク2 右《みぎ》の図《ず》のように、人《ひと》さし指《ゆび》と親指《おやゆび》ではさむように持《も》つ。

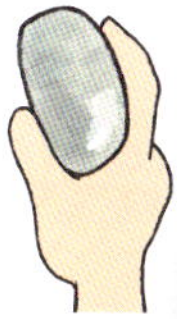

テク3 体《からだ》を前傾姿勢《ぜんけいしせい》にして腕《うで》をしっかり引《ひ》く。踏《ふ》みこむ足《あし》は斜《なな》め前《まえ》に出《だ》す。

テク4 水面《すいめん》に沿《そ》って平行《へいこう》になるように、投《な》げる。

サイドスロー（横手投《よこてな》げ）または、アンダースロー（下手投《したてな》げ）で、できるだけ水面《すいめん》に近《ちか》い高《たか》さで石《いし》を離《はな》すといいよ。

タリ合《あ》えば、うまくはねて進《すす》んでいくので、試《し》行錯誤《こうさくご》を重《かさ》ねながら、自分《じぶん》に合《あ》った重《おも》さの石《いし》を選《えら》べるようになるといいですね。ほかにも達人《たつじん》になるマル秘《ひ》テクニックがあるので、参考《さんこう》にしてみてください。

注意《ちゅうい》

・水切《みずき》りをするときは、まわりに人《ひと》がいないか気《き》をつける。
・石《いし》を投《な》げるときには、よそ見《み》は禁物《きんもつ》。人《ひと》がいるほうに石《いし》が飛《と》ばないように気《き》をつける。

ドキドキハラハラ！ロックバランシングに挑《ちょう》戦《せん》！

すごい！
ほんの少《すこ》ししか
くっついてないのに、
くずれない！

今《いま》にもくずれてしまいそうな石《いし》の塔《とう》。上《うえ》の写真《しゃしん》のように積《つ》み上《あ》げられた石《いし》を見《み》たことがありますか？　面積《めんせき》の広《ひろ》い部分《ぶぶん》を寝《ね》かせて重《かさ》ねていくなら、くずれないのも納得《なっとく》ですよね。しかし、あえて下《した》の石《いし》とくっつく面積《めんせき》をせまくして、絶妙《ぜつみょう》なバランスで積《つ》み上《あ》げていくのが「ロックバランシング」のおもしろさです。この遊《あそ》びはアート活動《かつどう》としても親《した》しまれていて、大会《たいかい》やイベントが開催《かいさい》されているほどです。

石《いし》の上《うえ》に石《いし》が立《た》つポイントを探《さが》していくのは根気《こんき》のいる作業《さぎょう》ですが、「ここだ！」という場所《ばしょ》が見《み》

遊《あそ》び方《かた》

準備《じゅんび》

ぐらぐら動《うご》かない、土台《どだい》になる大《おお》きめの石《いし》と、上《うえ》に積《つ》み上《あ》げる石《いし》を選《えら》ぶ。

まわりより少《すこ》し高《たか》くなっている石《いし》のほうが作業《さぎょう》がしやすい。

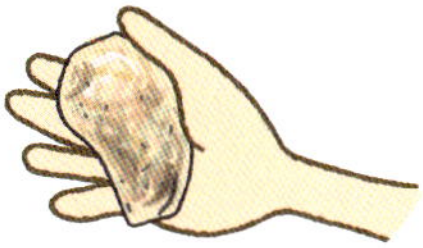

のせる石《いし》は、てのひらサイズが扱《あつか》いやすい。

やり方《かた》

①土台《どだい》にする石《いし》のくぼみに、石《いし》を立《た》てる。

②石《いし》が安定《あんてい》したら、①で立《た》てた石《いし》の上《うえ》に次《つぎ》の石《いし》を重《かさ》ねる。下《した》がぐらつかないように、バランスを調整《ちょうせい》しながら重《かさ》ねる。

たおれないポイントを、石《いし》を少《すこ》しずつずらしながらさぐる。

これはカンタン！ 寝《ね》かせてつみつみ！

「大《おお》きな石《いし》から順番《じゅんばん》に石《いし》の平《たい》らな面《めん》を重《かさ》ねて積《つ》み上《あ》げ、くずれたら負《ま》け」など、単純《たんじゅん》に石《いし》を積《つ》むだけでも楽《たの》しめる。

注意《ちゅうい》

- 必《かなら》ずおうちの人《ひと》といっしょにやる。
- 川原《かわら》や海岸《かいがん》でおこなう場《ば》合《あい》は、川《かわ》の増水《ぞうすい》や高波《たかなみ》の危険《きけん》がないかなどをおうちの人《ひと》に確認《かくにん》してもらう。
- 使《つか》った石《いし》は、そのままにせず、元《もと》にもどしてから帰《かえ》る。

つかったときは、石《いし》との一体感《いったいかん》を感《かん》じられとてもうれしいというのが経験者《けいけんしゃ》の感想《かんそう》です。みなさんもまずはひとつ、石《いし》を立《た》てることから挑戦《ちょうせん》してみましょう。

4章《しょう》 石《いし》となかよくなろう!

おうちの人《ひと》といっしょにミニダムをつくって遊《あそ》ぼう!

川《かわ》の水深《すいしん》が浅《あさ》くて水《みず》の流《なが》れがゆるやかな部分《ぶん》があったら、おうちの人《ひと》といっしょにミニダムをつくってみましょう。

ミニダムができたら、つかまえた魚《さかな》をその中《なか》で泳《およ》がせてみたり、近《ちか》くに生《は》えている草《くさ》の葉《は》っぱで船《ふね》をつくって浮《う》かべてみたりしてもいいですね。

川《かわ》の水《みず》がすきとおっていたら、ゴーグルをつけて、ミニダムの水《みず》の中《なか》のようすを見《み》てみるのも楽《たの》しそうです。運《うん》がよければ、泳《およ》いできた小《こ》魚《ざかな》や水中生物《すいちゅうせいぶつ》に出合《であ》えるかもしれませんね。

また、本来《ほんらい》流《なが》れているはずの水《みず》が、ミニダムによってどっちの方向《ほうこう》に流《なが》れていくのか、ミニダムの水《みず》が満《まん》ぱいになったときどんなふうに水《みず》があふれていくのかなども観察《かんさつ》すると、防災《ぼうさい》につながる学《まな》びにもなります。

遊《あそ》び方《かた》

ミニダムづくりに適《てき》している場所《ばしょ》

・流《なが》れがとてもゆるやか。
・水深《すいしん》が浅《あさ》い。
・すぐに岸《きし》に上《あ》がれる。

やり方《かた》

①川《かわ》の水《みず》がどちらの方《ほう》向《こう》に流《なが》れているのかを確認《かくにん》し、下流側《かりゅうがわ》にふくらむような形《かたち》に大《おお》きめの石《いし》を重《かさ》ねる。

②石《いし》のすき間《ま》から水《みず》がもれないように、すき間《ま》も石《いし》でうめる。

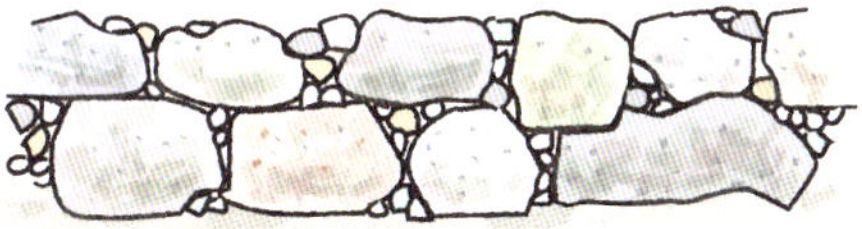

よく知《し》っている川《かわ》でも子《こ》どもだけで入《はい》らず、必《かなら》ず大人《おとな》といっしょに入《はい》ろう！

注意《ちゅうい》 川《かわ》に入《はい》るときのやくそく

1 川遊《かわあそ》びをするときは、出《で》かける前《まえ》に川《かわ》の天気《てんき》を調《しら》べておく。目的地《もくてきち》は晴《は》れでも、上流《じょうりゅう》で雨《あめ》が降《ふ》って増水《ぞうすい》することもあるので、おうちの人《ひと》に確《かく》認《にん》してもらおう。

2 地震発生《じしんはっせい》や天気《てんき》の急変《きゅうへん》などの情報《じょうほう》が確認《かくにん》できるように、現地《げんち》でも情報《じょうほう》をときどきチェックする。

3 川《かわ》に入《はい》るときは、できるだけライフジャケットを着用《ちゃくよう》し、必《かなら》ずおうちの人《ひと》といっしょに入《はい》る。

4 川《かわ》の中《なか》はすべりやすいので、ウォーターシューズをはく。ぐらぐらしている石《いし》の上《うえ》には乗《の》らない。

5 遊《あそ》んだあとは、石《いし》を元《もと》にもどしてから帰《かえ》る。

ミニダムづくりのおすすめスタイル

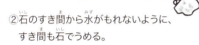

コラム

石《いし》の粉《こな》で絵《え》の具《ぐ》ができる!!

石《いし》のなかには、粉状《こなじょう》にくだいて絵《え》の具《ぐ》として使《つか》われているものがあります。これは、日本画《にほんが》に使《つか》われる絵《え》の具《ぐ》で、「岩絵《いわえ》の具《ぐ》」とよばれています。西洋《せいよう》の水彩絵《すいさいえ》の具《ぐ》や油《あぶら》絵《え》の具《ぐ》と比《くら》べて、色《いろ》のつぶが砂《すな》のように大《おお》きく、つやのないざらざらした感《かん》じになるのが特徴《とくちょう》です。

岩絵《いわえ》の具《ぐ》は大昔《おおむかし》から使《つか》われていて、1300年《ねん》以上前《いじょうまえ》の、カラフルな壁画《へきが》で知《し》られる高松塚古墳《たかまつづかこふん》の石室《せきしつ》のしっくいのかけらを調《しら》べたところ、孔雀石《くじゃくいし》、辰砂《しんしゃ》、藍銅鉱《らんどうこう》の3種類《しゅるい》の岩絵《いわえ》の具《ぐ》が使《つか》われていたことがわかりました。

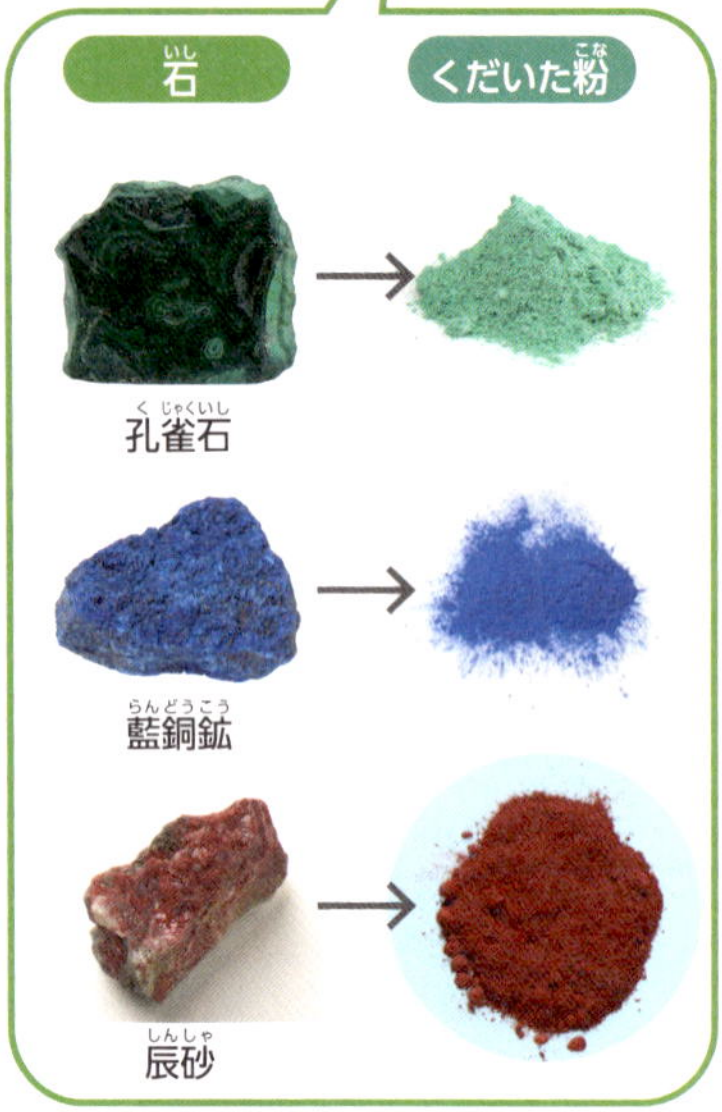

高松塚古墳《たかまつづかこふん》の石室《せきしつ》の絵《え》

5章《しょう》

見《み》つけた石《いし》の名前《なまえ》が知《し》りたい！

身近《みぢか》な石図鑑《いしずかん》

用語説明《ようごせつめい》

モース硬度《こうど》 鉱物《こうぶつ》のかたさを表《あらわ》す。数字《すうじ》が大《おお》きいほどかたい。

比重《ひじゅう》 水《みず》よりどれくらい重《おも》いかを表《あらわ》す。数字《すうじ》が大《おお》きいほど重《おも》い（水《みず》の比重《ひじゅう》は1）。

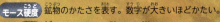

火成岩《かせいがん》

火山岩《かざんがん》

玄《げん》武《ぶ》岩《がん》

地表《ちひょう》でもっとも多《おお》い玄武岩《げんぶがん》

玄武岩《げんぶがん》は、マグマが地表近《ちひょうちか》くで急速《きゅうそく》に固《かた》まった「火山岩《かざんがん》」のひとつです。全体的《ぜんたいてき》に黒《くろ》っぽく、多《おお》くは数《すう》㎜程度《ていど》の鉱物《こうぶつ》がふくまれています。なかでも磁鉄鉱《じてっこう》をふくむ玄武岩《げんぶがん》は、磁石《じしゃく》にくっつく性質《せいしつ》をもっています。

　太平洋《たいへいよう》や大西洋《たいせいよう》の海底《かいてい》のほとんどが玄武岩《げんぶがん》でできています。玄武岩《げんぶがん》は、マグマの粘《ねば》り気《け》が少《すく》なく、流《なが》れた形《かたち》のまま固《かた》まることも多《おお》いです。また、火山《かざん》から噴《ふ》き出《で》たあとガスがぬけてゴツゴツした見《み》た目《め》になることもあります。

玄武岩《げんぶがん》の名前《なまえ》の由来《ゆらい》

「玄武洞《げんぶどう》」

兵庫県豊岡市《ひょうごけんとよおかし》にある玄武洞《げんぶどう》は、玄武岩《げんぶがん》の名前《なまえ》の由来《ゆらい》になった場所《ばしょ》です。マグマが冷《ひ》えて玄武岩《げんぶがん》になるときにできた割《わ》れ目《め》が「柱状節理《ちゅうじょうせつり》」という形《かたち》で残《のこ》っています。

火成岩《かせいがん》

火山岩《かざんがん》

安《あん》山《ざん》岩《がん》

日本《にほん》の火山《かざん》でもっとも多《おお》い安山岩《あんざんがん》

安山岩《あんざんがん》は火山岩《かざんがん》の一種《いっしゅ》です。玄《げん》武岩《ぶがん》に似《に》ていますが、地表《ちひょう》で固《かた》まったものには空気《くうき》がぬけたあとの穴《あな》が空《あ》いていることが多《おお》いのが特徴《とくちょう》です。色《いろ》は基本的《きほんてき》に灰色《はいいろ》ですが、火山《かざん》の噴火口《ふんかこう》近《ちか》くのものは鉄《てつ》分《ぶん》が酸化《さんか》して赤色《あかいろ》がまざることがあり、急速《きゅうそく》に冷《ひ》えたものでは黒色《くろいろ》のこともあります。その中《なか》に白《しろ》っぽい斜長石《しゃちょうせき》や黒《くろ》っぽい鉱物《こうぶつ》の輝石《きせき》などをふくむものが見《み》られます。

日本列島《にほんれっとう》や太平洋《たいへいよう》のまわりの火《か》山《ざん》で、もっとも多《おお》いのが安山岩《あんざんがん》です。

バリエーション豊富《ほうふ》な見《み》た目《め》

安山岩《あんざんがん》には青《あお》みがかった灰色《はいいろ》のものや鉄分《てつぶん》をふくむ赤色《あかいろ》のもの、ガラス質《しつ》をふくむ黒色《くろいろ》のものなどがあり、ふくまれる鉱物《こうぶつ》の種《しゅ》類《るい》やサイズもさまざま。同《おな》じ石《いし》に見《み》えないくらいバリエーションが豊富《ほうふ》です。

いろんな色《いろ》があるよ

サヌカイト

香川県《かがわけん》でとれるサヌカイトも安山《あんざん》岩《がん》の一種《いっしゅ》です。たたくとカンカンという高《たか》い音《おと》が鳴《な》ります。

流《りゅう》紋《もん》岩《がん》

マグマの粘《ねば》り気《け》が大《おお》きい流紋岩《りゅうもんがん》

マグマが流《なが》れてできたスジもようがあることから「流紋《りゅうもん》」と名《な》づけられていますが、実際《じっさい》にはスジが見《み》えないものもあります。色《いろ》は基本的《きほんてき》に白色《しろいろ》で、灰色《はいいろ》、赤色《あかいろ》、黄《き》緑色《みどりいろ》、淡《あわ》い緑色《みどりいろ》など、さまざまな色《いろ》があります。

石英《せきえい》をふくむことが多《おお》く、石英《せきえい》は無色《むしょく》でとうめいのガラスの四角《しかく》形《けい》のように見《み》える場合《ばあい》があります。同《おな》じ成分《せいぶん》のマグマでできている花《か》こう岩《がん》の鉱物《こうぶつ》は比較的《ひかくてき》大《おお》つぶですが、流紋岩《りゅうもんがん》は急速《きゅうそく》に冷《ひ》えたため、鉱物《こうぶつ》は細《こま》かいつぶになります。

もようや色《いろ》が異《こと》なっても同《おな》じ流紋岩《りゅうもんがん》

マグマの流《なが》れた流紋《りゅうもん》が見《み》えるものもあれば、石英《せきえい》を多《おお》くふくんで流紋《りゅうもん》がないものもあります。球状《きゅうじょう》の鉱物《こうぶつ》が集《あつ》まってできた流紋岩《りゅうもんがん》もあり、同《おな》じ種《しゅ》類《るい》の石《いし》には見《み》えにくいかもしれません。

火成岩《かせいがん》

火山岩《かざんがん》

デイサイト

安山岩《あんざんがん》によく似《に》ていてまだらなつぶが見《み》える

粘《ねば》り気《け》の強《つよ》いマグマからできており、安山岩《あんざんがん》より淡《あわ》い灰色《はいいろ》で、かたそうな感《かん》じを受《う》けます。成分《せいぶん》は安山岩《あんざんがん》と流紋岩《りゅうもんがん》の中間《ちゅうかん》ぐらいです。光沢《こうたく》のない質感《しつかん》で、白《しろ》っぽい鉱物《こうぶつ》と黒《くろ》っぽい鉱物《こうぶつ》のつぶが散《ち》らばっているのが特徴《とくちょう》です。

デイサイトは粘《ねば》り気《け》が強《つよ》いので、火山《かざん》の火口周辺《かこうしゅうへん》に溶岩《ようがん》ドームをつくりやすいという特徴《とくちょう》があります。溶岩《ようがん》ドームがくずれて火砕《かさい》流《りゅう》となった例《れい》が、１９９１年《ねん》の長《なが》崎県《さきけん》で起《お》きた雲仙《うんぜん》・普賢岳《ふげんだけ》の噴火《ふんか》です。

昭和新山《しょうわしんざん》の溶岩《ようがん》ドーム

北海道有珠山《ほっかいどううすざん》の昭和新山《しょうわしんざん》は、溶岩《ようがん》が火口《かこう》で固《かた》まって丘《おか》のようになっている「溶岩《ようがん》ドーム」で有名《ゆうめい》です。デイサイトの粘《ねば》り気《け》の強《つよ》い溶岩《ようがん》で形成《けいせい》されています。山肌《やまはだ》が赤《あか》いのは、土《つち》が溶岩《ようがん》の熱《ねつ》でレンガのように固《かた》まったためとされています。

火成岩《かせいがん》
深成岩《しんせいがん》

斑《はん》れい岩《がん》

大陸《たいりく》や海洋《かいよう》の地下深《ちかふか》くを構成《こうせい》する

玄武岩《げんぶがん》をつくるのと同《おな》じマグマが地下深《ちかふか》くでゆっくりと冷《ひ》やされてできるのが斑《はん》れい岩《がん》です。全体《ぜんたい》が、白《しろ》っぽい鉱物《こうぶつ》と、黒《くろ》っぽい鉱物《こうぶつ》が半分《はんぶん》ずつくらいで構成《こうせい》されています。「斑《はん》れい」の「れい」は黒米《くろまい》を意味《いみ》していて、まるで黒米《くろまい》を使《つか》ったおにぎりのようにも見《み》えます。

鉱物《こうぶつ》のサイズは小《ちい》さなものから大《おお》きめのものまでさまざまです。日常的《にちじょうてき》にもよく目《め》にする石《いし》で、敷石《しきいし》や墓石《ぼせき》、石焼《いしや》きビビンバのうつわなどにもよく使《つか》われています。

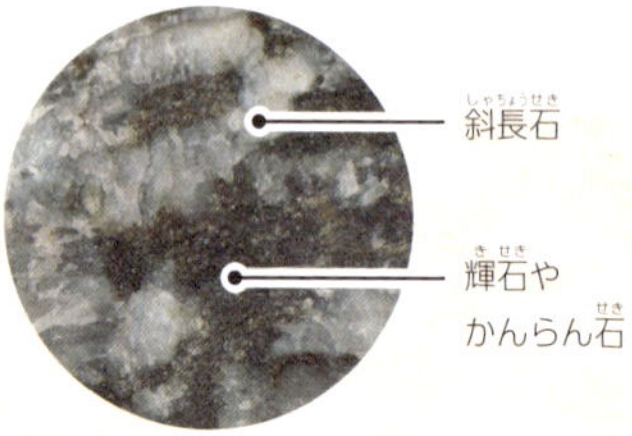

道路《どうろ》や建物《たてもの》の床《ゆか》の石材《せきざい》として使《つか》われることが多《おお》いです。石材《せきざい》としての名前《なまえ》は「黒御影《くろみかげ》」といいます。

火成岩《かせいがん》
深成岩《しんせいがん》

閃《せん》緑《りょく》岩《がん》

斑《はん》れい岩《がん》や花《か》こう岩《がん》のきょうだい

斑《はん》れい岩《がん》と花《か》こう岩《がん》の中間《ちゅうかん》くらいの性質《せいしつ》をもっています。黒《くろ》い角《かく》閃石《せんせき》が緑泥石《りょくでいせき》に変質《へんしつ》して緑色《みどりいろ》っぽく見《み》えること、鉱物《こうぶつ》の割《わ》れた面《めん》に光《ひかり》が反射《はんしゃ》して見《み》えることが名前《なまえ》の由来《ゆらい》です。白《しろ》っぽい鉱物《こうぶつ》と、黒《くろ》っぽい鉱物《こうぶつ》が半分《はんぶん》ずつくらい入《はい》っている点《てん》で、斑《はん》れい岩《がん》に似《に》ています。ふつうは石英《せきえい》をほとんどふくまず、石英《せきえい》を多《おお》くふくむものは「石《せき》英閃緑岩《えいせんりょくがん》」とよばれます。

斑《はん》れい岩《がん》と同《おな》じく、墓石《ぼせき》や石碑《せきひ》のほか、建築物《けんちくぶつ》の壁《かべ》や敷石《しきいし》の材料《ざいりょう》としても活躍《かつやく》している石《いし》です。

建築物《けんちくぶつ》の壁《かべ》や
お墓《はか》の石《いし》の種類《しゅるい》にも
注目《ちゅうもく》してみようっと！

商業用《しょうぎょうよう》に使《つか》われる「御影石《みかげいし》」

「御影石《みかげいし》」は兵庫県神戸市《ひょうごけんこうべし》の御影地区《みかげちく》でとれた石《いし》が石材《せきざい》に使《つか》われたことから名付《なづ》けられています。地質学的《ちしつがくてき》には閃緑岩《せんりょくがん》や斑《はん》れい岩《がん》や花《か》こう岩《がん》のような深成岩《しんせいがん》を指《さ》しますが、商業的《しょうぎょうてき》な石材《せきざい》としては、石《いし》の種類《しゅるい》を問《と》わずに「御影石《みかげいし》」とよばれている場合《ばあい》もあります。

かんらん岩《がん》

マントルの大部分《だいぶぶん》がかんらん岩《がん》

地球《ちきゅう》のプレート（地殻《ちかく》）の下《した》にはマントルという分厚《ぶあつ》い部分《ぶぶん》があり、そのうち上部《じょうぶ》マントルはおもにかんらん岩《がん》でできています。

かんらん岩《がん》は黄緑色《きみどりいろ》のかんらん石《せき》のほかに、少量《しょうりょう》の輝石《きせき》をふくみます。ほかにも、ざくろ石《いし》やスピネルなどの鉱物《こうぶつ》をふくむこともあります。

1200℃以上《いじょう》の高温《こうおん》でもとけないのが特徴《とくちょう》で、金属《きんぞく》をとかしてつくる鋳物《いもの》の型《かた》の材料《ざいりょう》にも使《つか》われています。

オリーブ色《いろ》の石《いし》

かんらん岩《がん》の「橄欖《かんらん》（かんらん）」はオリーブに似《に》た植物《しょくぶつ》のことです。かんらん石《せき》は英語《えいご》で、オリーブ色《いろ》のことを指《さ》すolivine（オリビン）とよばれています。

オリーブの実《み》

火成岩《かせいがん》

深成岩《しんせいがん》

黒《こく》曜《よう》岩《がん》

結晶《けっしょう》がほぼない天然《てんねん》のガラス

粘《ねば》り気《け》の強《つよ》いマグマが結晶化《けっしょうか》せずに固《かた》まった岩石《がんせき》で、透明感《とうめいかん》があり「天然《てんねん》のガラス」ともよばれます。マグマが水中《すいちゅう》に流《なが》れ出《だ》して短《たん》時間《じかん》で冷《ひ》え固《かた》まるときにできるとされています。色《いろ》は黒《くろ》いものが多《おお》いですが、白《しろ》くにごっていたり、褐色《かっしょく》だったり緑色《みどりいろ》っぽかったりすることも。川《かわ》に流《なが》されて傷《きず》がついたものは表面《ひょうめん》が灰色《はいいろ》になっていることもあります。

割《わ》れた際《さい》のとがった切《き》り口《くち》を利《り》用《よう》して、するどい刃物《はもの》をつくったことが、旧石器《きゅうせっき》時代《じだい》の遺跡《いせき》などからわかっています。

割《わ》れ口《くち》が貝殻状《かいがらじょう》に

結晶《けっしょう》をほとんどふくまない黒曜《こくよう》岩《がん》は、均一《きんいつ》な構造《こうぞう》のため、割《わ》れると波《なみ》もようやカーブをえがいた貝《かい》がらのもようのような割《わ》れ口《くち》になります。うまく割《わ》るとシャープなふちができるので、大昔《おおむかし》の人《ひと》は黒曜岩《こくようがん》で矢《や》じりなどの石器《せっき》をつくっていました。

火成岩《かせいがん》

深成岩《しんせいがん》

花《か》こう岩《がん》

大陸《たいりく》をつくっている超《ちょう》メジャーな岩石《がんせき》

花《か》こう岩《がん》は、マグマが地下深《ちかふか》くでゆっくりと冷《ひ》えて固《かた》まってできた「深成岩《しんせいがん》」のひとつです。肉眼《にくがん》で見《み》えるサイズの、粗《あら》い鉱物《こうぶつ》のつぶが集《あつ》まっているのが一般的《いっぱんてき》です。色《いろ》は基本的《きほんてき》に白色《しろいろ》で黒《くろ》っぽい鉱物《こうぶつ》がまざりますが、ピンク系《けい》のカリ長石《ちょうせき》が入《はい》る場合《ばあい》も。

地球《ちきゅう》の陸地《りくち》は大量《たいりょう》につくられた花《か》こう岩《がん》が海《うみ》の上《うえ》にあらわれたもので、日本列島《にほんれっとう》もおもに花《か》こう岩《がん》質《しつ》の岩石《がんせき》でできています。建築材《けんちくざい》や墓石《ぼせき》でよく使用《しよう》される「御影《みかげ》石《いし》」としても有名《ゆうめい》です。

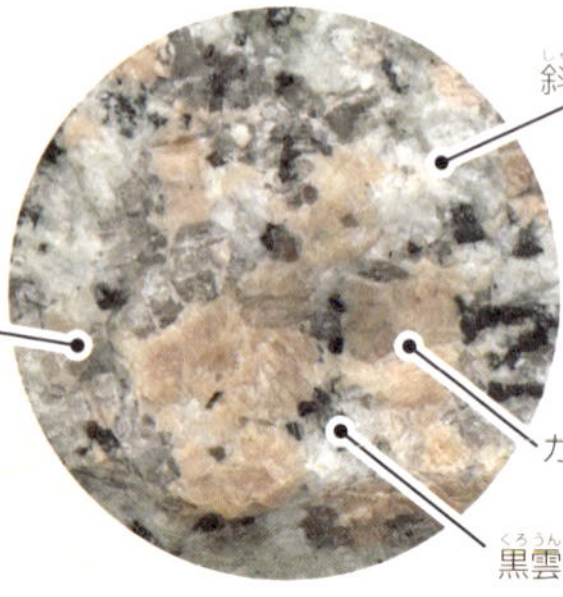

真砂土《まさど》

花《か》こう岩《がん》が風化《ふうか》してできた砂《すな》のような土《つち》です。水《みず》はけのよさから、園芸《えんげい》・造園《ぞうえん》や建築《けんちく》・土木《どぼく》の基礎工《きそこう》事《じ》、小道《こみち》や駐車場《ちゅうしゃじょう》の舗装《ほそう》などで使用《しよう》されます。

コラム

いろいろな花《か》こう岩《がん》

同《おな》じ花《か》こう岩《がん》でも、鉱物《こうぶつ》の種類《しゅるい》や粒《つぶ》のサイズで、名前《なまえ》が変《か》わります。花《か》こう岩《がん》は白《しろ》っぽい鉱物《こうぶつ》（無色鉱物《むしょくこうぶつ》）を多《おお》くふくみますが、黒《くろ》っぽい鉱物《こうぶつ》（有色鉱物《ゆうしょくこうぶつ》）が多《おお》いものもあります。

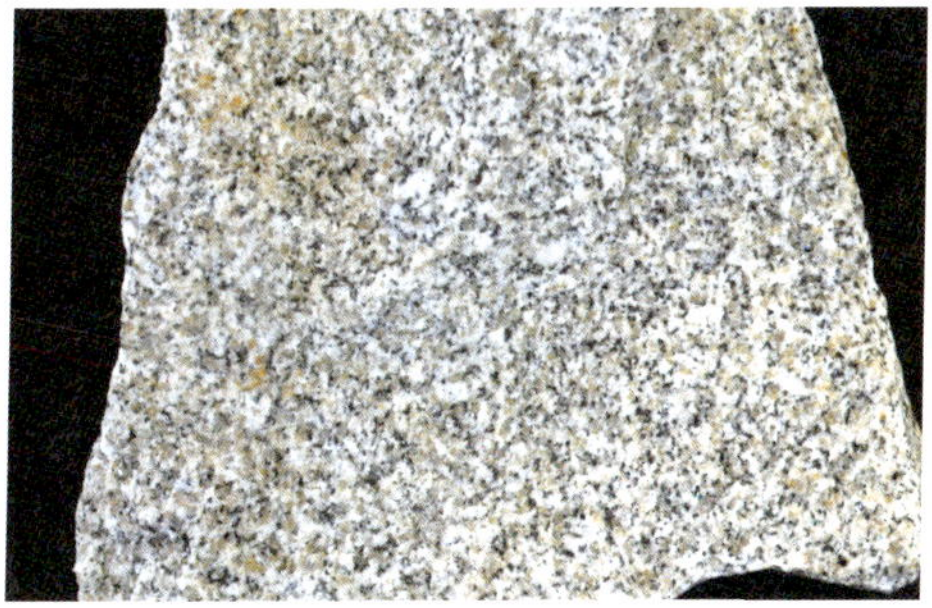

両雲母花《りょううんもか》こう岩《がん》

黒雲母《くろうんも》と白雲母《しろうんも》の両方《りょうほう》をふくむ花《か》こう岩《がん》のことで、一般的《いっぱんてき》によく見《み》られるタイプ。装飾《そうしょく》や建材《けんざい》として利用《りよう》されている。

角閃石黒雲母花《かくせんせきくろうんもか》こう岩《がん》

角閃石《かくせんせき》と黒雲母《くろうんも》を豊富《ほうふ》にふくむ花《か》こう岩《がん》。色合《いろあ》いが暗《くら》めで重厚感《じゅうこうかん》のある見《み》た目《め》のため、高級感《こうきゅうかん》のある石材《せきざい》として使《つか》われている。

斑晶《はんしょう》

斑状花《はんじょうか》こう岩《がん》

大《おお》きな鉱物《こうぶつ》（斑晶《はんしょう》）が細《こま》かいつぶの中《なか》で目立《めだ》つため、まだらもように見《み》えることから名付《なづ》けられた。特徴的《とくちょうてき》なもようのためデザイン性《せい》の高《たか》い用途《ようと》の石材《せきざい》として使《つか》われることがある。

花《か》こう岩《がん》には
いろいろなもようが
あるんだね
ISHI

花《か》こう岩《がん》の仲間《なかま》

ペグマタイト

マグマが非常《ひじょう》にゆっくり冷《ひ》やされたときにつくられる。特殊《とくしゅ》な鉱物《こうぶつ》が生成《せいせい》されることがよくあり、レアメタル鉱物《こうぶつ》の資源《しげん》となることも。また、アクアマリン、トパーズなどの宝石《ほうせき》が入《はい》っていることもある。

アプライト

マグマが冷《ひ》えるとき、岩石《がんせき》の割《わ》れ目《め》などで形成《けいせい》される。色《いろ》は白《しろ》っぽく、有色鉱物《ゆうしょくこうぶつ》をほとんどふくまないが、ざくろ石《いし》（ガーネット）や電気石《でんきいし》（トルマリン）などをふくむ場合《ばあい》がある。

意外《いがい》と身近《みぢか》にも
たくさんあるのかも
しれないよ？

マグマが冷《ひ》えて岩石《がんせき》になる過程《かてい》で、特徴的《とくちょうてき》な岩石《がんせき》がつくられることがあります。これらのさまざまな花《か》こう岩《がん》の仲間《なかま》は、地質学的《ちしつがくてき》な研究価値《けんきゅうかち》のみでなく、実用的《じつようてき》にも価値《かち》があります。建物《たてもの》の建材《けんざい》（マンションの外壁《がいへき》やタイルなど）や石碑《せきひ》・墓石《ぼせき》などに用《もち》いられることに加《くわ》え、ときには宝石《ほうせき》や希少金属《きしょうきんぞく》の原料《げんりょう》としても使《つか》われることも。家《いえ》の近《ちか》くの建物《たてもの》などで花《か》こう岩《がん》の仲間《なかま》が使《つか》われているところを探《さが》してみてくださいね。

閃長岩《せんちょうがん》

花《か》こう岩《がん》そっくりだけど、石英《せきえい》をほぼふくまない。日本《にほん》ではあまり産出《さんしゅつ》されないため、輸入《ゆにゅう》されている。表札《ひょうさつ》や墓《ぼ》石《せき》に使《つか》われるため、日常的《にちじょうてき》に目《め》にする機会《きかい》は多《おお》いかも。

花《か》こう閃緑岩《せんりょくがん》

花《か》こう岩《がん》と比《くら》べて、カリ長石《ちょうせき》が少《すく》ないのが特徴《とくちょう》。見《み》た目《め》では見分《みわ》けることはむずかしいが、花《か》こう岩《がん》より暗《くら》い色合《いろあ》いをしている。やはり建材《けんざい》として用《もち》いられることが多《おお》い。

トーナル岩《がん》

見《み》た目《め》はごま塩状《しおじょう》で、花《か》こう閃緑岩《せんりょくがん》や花《か》こう岩《がん》に似《に》ているが、カリ長石《ちょうせき》がほとんどないのが特徴《とくちょう》。名古屋城《なごやじょう》の石垣《いしがき》や奈良県飛鳥村《ならけんあすかむら》の石舞台古墳《いしぶたいこふん》など、歴《れき》史的建造物《してきけんぞうぶつ》にも使《つか》われている。

礫岩《れきがん》

小石《こいし》が砂《すな》やどろといっしょに固《かた》まった

土《つち》や砂《すな》やどろなどが長《なが》い時間《じかん》をかけて海底《かいてい》などに積《つ》もり、固《かた》まった岩《いわ》を「堆積岩《たいせきがん》」といいます。そのなかでも、砂《すな》やどろなどが固《かた》まった岩《いわ》を「砕屑岩《さいせつがん》」といい、礫《れき》岩《がん》は砕屑岩《さいせつがん》のひとつです。

直径《ちょっけい》2㎜以上《いじょう》の小石《こいし》のことを「礫《れき》」というので礫岩《れきがん》という名前《なまえ》がついていますが、礫《れき》の種類《しゅるい》や大《おお》きさによって見《み》た目《め》がかなりちがってきます。礫岩《れきがん》を構成《こうせい》する礫《れき》は、丸《まる》みをおびているものにかぎられ、礫《れき》が角《かど》ばっているものに関《かん》しては「角礫岩《かくれきがん》」とよんで区別《くべつ》されています。

礫《れき》どうしをつないでいるものは？

小石《こいし》と小石《こいし》の間《あいだ》につまった砂《すな》やどろや鉱物《こうぶつ》、それがセメントのような役割《やくわり》をはたして礫《れき》どうしを接着《せっちゃく》させています。同《おな》じような構成《こうせい》のため、コンクリートやアスファルトに似《に》ています。

本当《ほんとう》に
コンクリートに
そっくりだなあ

コンクリートのかけら

砂《さ》岩《がん》

砂《すな》が積《つ》もってできる

　砕屑岩《さいせつがん》のひとつで、砂《すな》つぶが集合《しゅうごう》した岩石《がんせき》です。全体《ぜんたい》は白《しろ》や灰色《はいいろ》、ピンク色《いろ》や茶色《ちゃいろ》に見《み》えます。川《かわ》から運《はこ》ばれてそのまま浅《あさ》めの海底《かいてい》で砂岩《さがん》になるパターンと、河口《かこう》近《ちか》くにたまった砂《すな》が地震《じしん》などで深海《しんかい》まで運《はこ》ばれて「タービダイト」とよばれる砂岩《さがん》になるパターンがあります。

　表面《ひょうめん》はざらざらとしたさわり心地《ごこち》です。浅《あさ》い海《うみ》にできる砂岩《さがん》は、石英《せきえい》や長石《ちょうせき》のつぶだけでできていることが多《おお》く、タービダイトの場合《ばあい》は黒《くろ》い泥岩《でいがん》などがふくまれていることがあります。

千葉県屛風ヶ浦《ちばけんびょうぶがうら》の地層《ちそう》

砂岩《さがん》や泥岩《でいがん》が何層《なんそう》にも重《かさ》なって、しまもようのがけができています。

堆積岩《たいせきがん》

泥《でい》岩《がん》

どろが積《つ》もってできる

砕屑岩《さいせつがん》のひとつで、どろが堆積《たいせき》して固《かた》まった岩石《がんせき》です。石英《せきえい》や長《ちょう》石《せき》、雲母《うんも》などの細《こま》かいかけらをふくむ粘土鉱物《ねんどこうぶつ》でできていますが、肉眼《にくがん》やルーペではほとんどつぶが見《み》えません。比較的《ひかくてき》やわらかい岩《いわ》なので、乾燥《かんそう》していると割《わ》れやすく、露出《ろしゅつ》している部分《ぶぶん》は手《て》で簡単《かんたん》に割《わ》れてしまいます。

色《いろ》はふくまれる成分《せいぶん》やできたときの時代《じだい》で変《か》わります。古《ふる》い時代《じだい》のものは黒《くろ》く、新《あたら》しい時代《じだい》のものは灰色《はいいろ》、ベージュ、褐色《かっしょく》などのことが多《おお》いです。

丸《まる》いノジュール

泥岩《でいがん》や砂岩《さがん》の中《なか》から、丸《まる》い「ノジュール」という塊《かたまり》が見《み》つかることもある。

ノジュールを割《わ》ると、化石《かせき》が入《はい》っていることも！

頁《けつ》岩《がん》

本《ほん》のページをめくるようにはがれる頁岩《けつがん》

泥岩《でいがん》の仲間《なかま》で、ページ（頁）をめくるように割《わ》れる性質《せいしつ》があることから頁岩《けつがん》と名付《なづ》けられました。上《うえ》に重《かさ》なる地層《ちそう》の重《おも》さなどによって強《つよ》い圧力《あつりょく》を受《う》けて、泥岩《でいがん》が頁岩《けつがん》へと変化《へんか》します。

ほとんどの頁岩《けつがん》の色《いろ》は黒《くろ》ですが、赤《あか》や褐色《かっしょく》をおびることも。泥《でい》岩《がん》と同《おな》じく、つぶは肉眼《にくがん》やルーペでは見《み》えません。頁岩《けつがん》がさらに圧《あつ》力《りょく》を強《つよ》く受《う》けると「粘板岩《ねんばんがん》」に変《か》わります。

横《よこ》から見《み》てみると、層《そう》にそって割《わ》れ目《め》が入《はい》っているようすがよくわかります。

堆積岩《たいせきがん》

凝《ぎょう》灰《かい》岩《がん》

火山灰《かざんばい》が積《つ》もって固《かた》まった

見《み》かけは砂岩《さがん》や泥岩《でいがん》に似《に》ていますが、破片状《はへんじょう》の鉱物《こうぶつ》があるかどうかで凝灰岩《ぎょうかいがん》と判別《はんべつ》できます。火山《かざん》から噴出《ふんしゅつ》した灰《はい》がおもな成分《せいぶん》のため、火成岩《かせいがん》と同《おな》じ鉱物《こうぶつ》をふくみます。色《いろ》は白《しろ》っぽいものが多《おお》く、うすい緑《みどり》やピンク、紫《むらさき》がかっていることもあります。

比較的《ひかくてき》やわらかく加工《かこう》しやすいため、石像《せきぞう》や彫刻《ちょうこく》の素材《そざい》として使《つか》われますが、風化《ふうか》しやすいため、長《なが》い年月《ねんげつ》が経《た》つと形《かたち》がくずれやすいという特徴《とくちょう》があります。

火山礫凝灰岩《かざんれききょうかいがん》

火山礫《かざんれき》（火山《かざん》から噴出《ふんしゅつ》した小石《こいし》）を多《おお》くふくむものは「火山礫凝灰岩《かざんれききょうかいがん》」とよばれます。つぶの大《おお》きさや構成《こうせい》物《ぶつ》が目《め》で確認《かくにん》できるのが特徴《とくちょう》です。

コラム

グリーンタフって何《なに》？

「グリーンタフ」は正式《せいしき》な岩石名《がんせきめい》ではありませんが、変《へん》質《しつ》して緑色《みどりいろ》になった凝灰岩《ぎょうかいがん》（緑色凝灰岩《りょくしょくぎょうかいがん》）のことです。大昔《おおむかし》、日本海《にほんかい》ができたときに海底火山《かいていかざん》の噴火《ふんか》によって生《う》まれたといわれています。栃木県産《とちぎけんさん》の「大谷石《おおやいし》」が代表《だいひょう》的《てき》なもので、やわらかくて加工《かこう》しやすいことから、古《ふる》くから石材《せきざい》としても利用《りよう》されています。

ターコイズブルーという表現《ひょうげん》がぴったりのあざやかな青緑色《あおみどりいろ》をしている。

秋田県《あきたけん》にある男鹿半島《おがはんとう》の館山崎《たてやまざき》では、あざやかなグリーンタフの露頭《ろとう》を見《み》ることができます。

堆積岩《たいせきがん》

石《せっ》灰《かい》岩《がん》

生《い》き物《もの》の死《し》がいが積《つ》もってできた岩石《がんせき》

サンゴや貝《かい》などの、かたい骨格《こっかく》や殻《から》をもつ生《い》き物《もの》の死《し》がいが堆積《たいせき》してできるため「生物岩《せいぶつがん》」ともよばれます。なめらかでやわらかい岩石《がんせき》で、ときには生物《せいぶつ》の死《し》がいが化石《かせき》となって肉眼《にくがん》で見《み》えることもあります。成分《せいぶん》の50％以上《いじょう》が炭酸《たんさん》カルシウムなので、塩酸《えんさん》をかけると二酸化炭素《にさんかたんそ》の泡《あわ》が出《で》ます。

色《いろ》は白《しろ》っぽい灰色《はいいろ》が多《おお》く、セメントの原料《げんりょう》や石材《せきざい》など建築分野《けんちくぶんや》のほか、酸性《さんせい》の土《つち》を中和《ちゅうわ》する石灰肥料《せっかいひりょう》など、農業分野《のうぎょうぶんや》にも使《つか》われることがあります。

大昔《おおむかし》はサンゴ礁《しょう》だった？

化石《かせき》となり石灰岩《せっかいがん》になったサンゴも、その昔《むかし》は南《みなみ》の海《うみ》で見《み》る美《うつく》しいサンゴ礁《しょう》だったかもしれません。

コラム

サンゴでできた石灰岩《せっかいがん》が寒《さむ》い地《ち》方《ほう》にあるのはなぜ？

それは、地球《ちきゅう》の長《なが》い歴史《れきし》とプレートテクトニクス（地球《ちきゅう》の表面《ひょうめん》にある大《おお》きな岩盤《がんばん》であるプレートが動《うご》いて、地球《ちきゅう》の地形《ちけい》の変化《へんか》や地震《じしん》・火山活動《かざんかつどう》が起《お》こるという理論《りろん》）が関係《かんけい》しています。海《うみ》にある島《しま》で発達《はったつ》したサンゴ礁《しょう》が、プレートの動《うご》きにともなって、運《はこ》ばれるということが原因《げんいん》なのです。

日本《にほん》の石灰岩《せっかいがん》のほとんどは太平洋《たいへいよう》の火山《かざん》島《とう》のまわりにできたサンゴ礁《しょう》が運《はこ》ばれてきたとみられています。ほかにも、アルプス山脈《さんみゃく》やヒマラヤ山脈《さんみゃく》には海底《かいてい》でできた石灰《せっかい》岩《がん》が多《おお》くふくまれています。遠《とお》い地域《ちいき》のサンゴ礁《しょう》が移動《いどう》してくるのも、地球《ちきゅう》のダイナミックな変化《へんか》のためなのです。

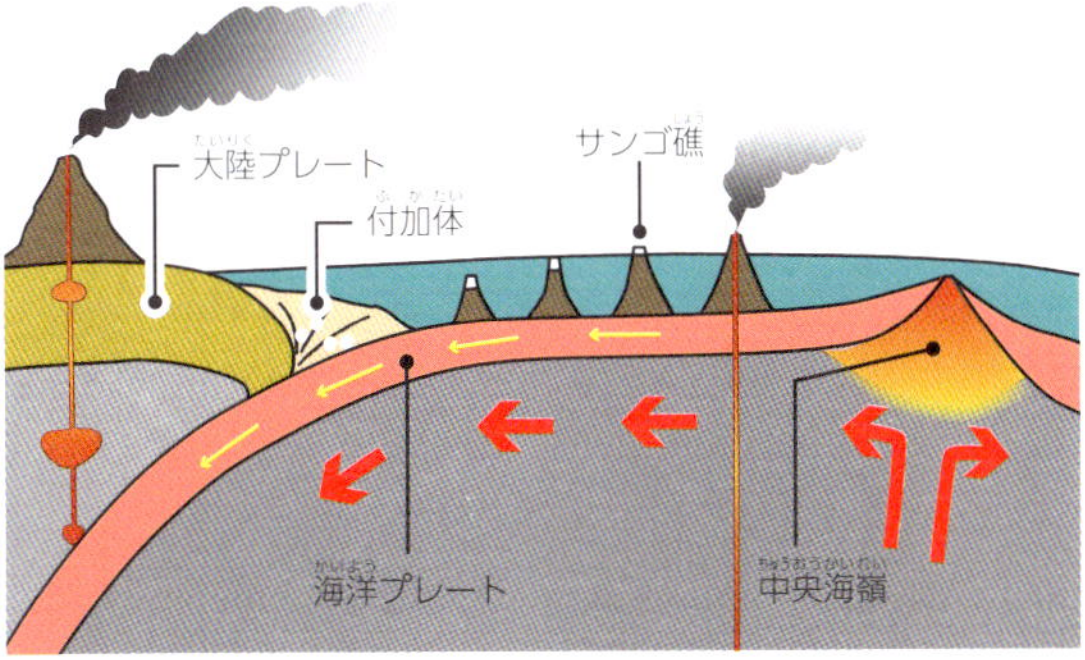

暖《あたた》かい浅《あさ》い海《うみ》で育《そだ》ったサンゴ礁《しょう》が、地球《ちきゅう》のプレートの移動《いどう》により、大陸《たいりく》プレートにたどりつきます。そこでほかの堆積物《たいせきぶつ》とともに積《つ》もり、大陸《たいりく》のふちに石灰岩《せっかいがん》がつくられていくのです。

宮城県気仙沼市岩井崎《みやぎけんけせんぬましいわいさき》の石灰岩《せっかいがん》

東北地方《とうほくちほう》の宮城県気仙沼市《みやぎけんけせんぬまし》の海岸《かいがん》には、石灰岩《せっかいがん》が露出《ろしゅつ》しています。この石灰岩《せっかいがん》からはサンゴの化石《かせき》が見《み》つかります。このことから、ハワイのほうでできたサンゴ礁《しょう》がプレートの移動《いどう》によって運《はこ》ばれてきたことがわかります。

チャート

放散虫《ほうさんちゅう》が積《つ》もってできる岩石《がんせき》

チャートはとても細《こま》かい石英《せきえい》が集《あつ》まってできた岩石《がんせき》です。動物《どうぶつ》プランクトンの放散虫《ほうさんちゅう》が死《し》ぬと、ガラス質《しつ》の殻《から》が海底《かいてい》にたまります。その後《ご》、長《なが》い時間《じかん》をかけて圧力《あつりょく》や温度《おんど》によって石英《せきえい》に変化《へんか》すると考《かんが》えられています。内部《ないぶ》には縦横《じゅうおう》に走《はし》る黒《くろ》いすじが見《み》えることもあり、表面《ひょうめん》には水中《すいちゅう》でほかの石《いし》とぶつかった傷《きず》（パーカッションマーク）もよく見《み》られます。

チャートはとてもかたく、ハンマーでたたくと火花《ひばな》が飛《と》ぶこともあるため、火打《ひう》ち石《いし》としても利用《りよう》されています。

五色石《ごしきいし》

ふくまれる不純物《ふじゅんぶつ》や形成条件《けいせいじょうけん》によって、さまざまな色《いろ》になります。凝灰色《ぎょうかいしょく》、濃灰色《のうかいしょく》、緑色《みどりいろ》、褐色《かっしょく》、赤色《あかいろ》、黒色《くろいろ》など美《うつく》しく多様性《たようせい》のあるカラーのため、五色石《ごしきいし》ともよばれます。

チャートには保存状態《ほぞんじょうたい》のよい放散虫《ほうさんちゅう》が化石《かせき》として残《のこ》っている場合《ばあい》があり、この化石《かせき》のおかげで地層《ちそう》の年代《ねんだい》が明《あき》らかになることもあります。

珪《けい》藻《そう》土《ど》

珪藻《けいそう》が堆積《たいせき》してできる岩石《がんせき》

珪藻《けいそう》という植物《しょくぶつ》プランクトンのガラス質《しつ》の殻《から》が、長《なが》い時間《じかん》をかけて湖《みずうみ》や海底《かいてい》に堆積《たいせき》してできた岩石《がんせき》です。色《いろ》は白《しろ》っぽいものがほとんどですが、淡黄色《たんこうしょく》や灰色《はいいろ》、しまもようのものもあります。

さわると、サラサラした粉《こな》が手《て》につきます。また、目《め》に見《み》えない穴《あな》がたくさんあるため、軽《かる》くて水分《すいぶん》をよく吸収《きゅうしゅう》するという特徴《とくちょう》があります。吸水性《きゅうすいせい》や断熱性《だんねつせい》の高《たか》い素材《そざい》のため、いろいろなものに利用《りよう》されています。

珪藻《けいそう》は古代《こだい》から存在《そんざい》する植物《しょくぶつ》プランクトンです。肉眼《にくがん》では見《み》えませんが、海《うみ》や川《かわ》に広《ひろ》く生息《せいそく》しています。今《いま》わたしたちが使《つか》っている珪藻土《けいそうど》は、彼《かれ》ら珪藻《けいそう》の祖先《そせん》がもとになっているのです。

家《いえ》の壁材《かべざい》に利用《りよう》される

建築材料《けんちくざいりょう》としては、温度調整《おんどちょうせい》や消臭効果《しょうしゅうこうか》が期待《きたい》されて、室内《しつない》の壁材《かべざい》として使《つか》われています。耐火性《たいかせい》と断熱性《だんねつせい》をいかした、窯《かま》や炉《ろ》、七輪《しちりん》にも使《つか》われ、近年《きんねん》はコースターやバスマットとしても活躍《かつやく》しています。

変成岩《へんせいがん》

接触変成岩《せっしょくへんせいがん》

ホルンフェルス

砂岩《さがん》や泥岩《でいがん》などが熱《ねつ》を受《う》けて形成《けいせい》される

一度《いちど》固《かた》まった岩石《がんせき》が、高温《こうおん》や圧《あつ》力《りょく》の影響《えいきょう》で新《あら》たに形成《けいせい》され直《なお》したものを「変成岩《へんせいがん》」といい、とくに高《たか》い熱《ねつ》に接触《せっしょく》してできたものを「接触変成岩《せっしょくへんせいがん》」といいます。そのなかでも、砂岩《さがん》や泥岩《でいがん》がマグマの熱《ねつ》で変化《へんか》したものはホルンフェルスとよばれ、いわば「自然《しぜん》の焼《や》き物《もの》」のような石《いし》です。

砂岩《さがん》由来《ゆらい》のものは雲母《うんも》が多《おお》く、キラキラ光《ひか》るように見《み》えます。泥《でい》岩《がん》由来《ゆらい》のものは黒《くろ》い石《いし》の中《なか》に、菫《きん》青石《せいせき》などの結晶《けっしょう》がまだらに散《ち》らばっているように見《み》えます。

菫青石《きんせいせき》ホルンフェルス

菫青石《きんせいせき》の結晶《けっしょう》が多《おお》くできているもの。菫青石《きんせいせき》の菫《きん》は「すみれ」のこと。

紅柱石《こうちゅうせき》ホルンフェルス

赤褐色《せきかっしょく》、ピンク色《いろ》、灰《はい》色《いろ》をおびた赤色《あかいろ》などの紅柱石《こうちゅうせき》の結晶《けっしょう》が入《はい》っている。

ホルンフェルスのできるしくみ

砂岩《さがん》や泥岩《でいがん》の中《なか》にどろどろの熱《あつ》いマグマが上昇《じょうしょう》してきて、その熱《ねつ》にふれた部分《ぶぶん》がやけどをするような形《かたち》で組織《そしき》が変化《へんか》します。マグマに近《ちか》いところほど変化《へんか》が大《おお》きくなります。

変成岩《へんせいがん》

接触変成岩《せっしょくへんせいがん》

大《だい》理《り》石《せき》（結晶質石灰岩《けっしょうしつせっかいがん》）

石灰岩《せっかいがん》が熱《ねつ》を受《う》けて形成《けいせい》される

ホルンフェルスと同《おな》じ接触変成《せっしょくへんせい》岩《がん》ですが、こちらは石灰岩《せっかいがん》が変化《へんか》したものです。石灰岩《せっかいがん》の中《なか》の方解《ほうかい》石《せき》が再結晶化《さいけっしょうか》して大理石《だいりせき》となります。色《いろ》は白《しろ》っぽいものが多《おお》く、不《ふ》純物《じゅんぶつ》のふくまれ方《かた》によっては、灰《はい》色《いろ》やベージュ色《いろ》になることがあります。

建築材《けんちくざい》のほか、彫刻《ちょうこく》や工芸品《こうげいひん》としても利用《りよう》され、割《わ》ると光《ひかり》を反射《はんしゃ》してキラキラと輝《かがや》き、高級感《こうきゅうかん》のある石《いし》として有名《ゆうめい》です。やわらかく、とがったもので簡単《かんたん》に傷《きず》がつくのも特徴《とくちょう》です。

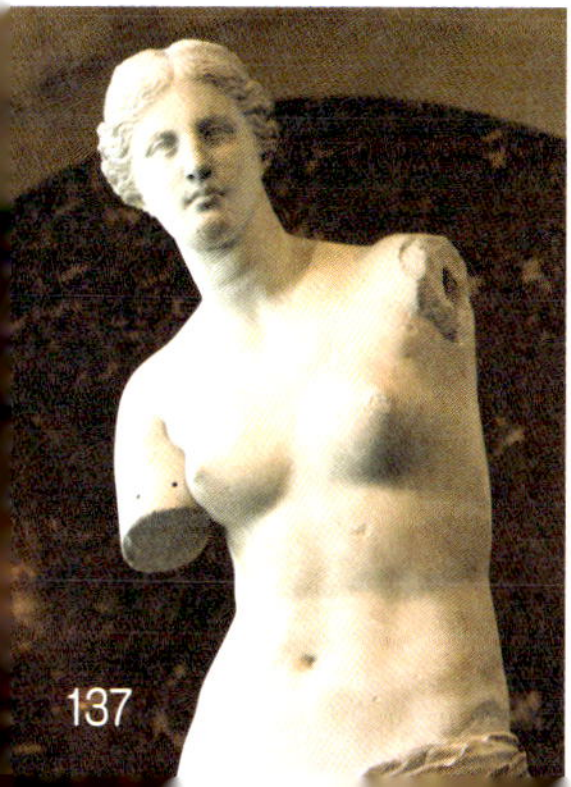

大理石《たいりせき》の彫刻《ちょうこく》

やわらかくて加工《かこう》がしやすいだけでなく、大理石《だいりせき》はみがくとなめらかで光沢《こうたく》のある表面《ひょうめん》をつくることができます。しまもようが美《うつく》しく、少《すこ》し光《ひかり》を通《とお》す半透明性《はんとうめいせい》があることで、彫刻《ちょうこく》にやわらかい質感《しつかん》や高級感《こうきゅうかん》を出《だ》すことができます。

英語名《えいごめい》の「マーブル」は古《ふる》いギリシャ語《ご》で「光《ひか》る石《いし》」という意味《いみ》なんだよ！

蛇《じゃ》紋《もん》岩《がん》

蛇《へび》の皮《かわ》のようなもようが美《うつく》しい

広《ひろ》い地域《ちいき》にわたって強《つよ》い圧力《あつりょく》を受《う》けてできた変成岩《へんせいがん》は、「広域変《こういきへん》成岩《せいがん》」とよばれます。そのひとつである蛇紋岩《じゃもんがん》は、水《みず》がかんらん岩《がん》や輝石岩《きせきがん》にしみこんで、比較的低《ひかくてきてい》温《おん》で高圧力下《こうあつりょくか》という条件《じょうけん》のもとで化学反応《かがくはんのう》を起《お》こしてできる岩石《がんせき》です。

色《いろ》は深《ふか》い緑色《みどりいろ》や黄緑色《きみどりいろ》で、もようが蛇《へび》の皮《かわ》に似《に》ていることが名前《なまえ》の由来《ゆらい》です。表面《ひょうめん》はすべすべしていて独特《どくとく》の光沢《こうたく》があり、装飾用《そうしょくよう》の石材《せきざい》として利用《りよう》されています。蛇《じゃ》紋岩《もんがん》には、生成《せいせい》の条件《じょうけん》が整うとひすいがふくまれることもあります。

蛇紋岩《じゃもんがん》でできている山《やま》
岩手県《いわてけん》の早池峰山《はやちねさん》一帯《いったい》には蛇紋岩《じゃもんがん》が広《ひろ》く分布《ぶんぷ》しています。一般的《いっぱんてき》な植物《しょくぶつ》が育《そだ》ちにくい環境《かんきょう》ですが、蛇紋岩植物《じゃもんがんしょくぶつ》（蛇紋岩《じゃもんがん》フローラ）という、この環《かん》境《きょう》に適応《てきおう》した高山植物《こうざんしょくぶつ》がたくさん見《み》られます。

変成岩《へんせいがん》

広域変成岩《こういきへんせいがん》

角《かく》閃《せん》岩《がん》

玄武岩《げんぶがん》などが地下深《ちかふか》くで変成《へんせい》する

海底《かいてい》の玄武岩質《げんぶがんしつ》の岩石《がんせき》が、プレートのしずみこみによって地下《ちか》深《ふか》くで高温《こうおん》と高圧力《こうあつりょく》を受《う》けて変化《へんか》したものが角閃岩《かくせんがん》です。鉱物《こうぶつ》のつぶがあらいと割《わ》れ口《くち》がキラキラとして、つぶが細《こま》かいとせんいのような状態《じょうたい》の角閃石《かくせんせき》が見《み》えます。角《かく》閃石《せんせき》（緑色《みどりいろ》）、斜長石《しゃちょうせき》（白色《しろいろ》）、ざくろ石《いし》（赤色《あかいろ》）などが入《はい》っていて、しまもようになっていることもあります。

なお、火成岩《かせいがん》にも「角閃石岩《かくせんせきがん》」という岩石《がんせき》がありますが、こちらは成《な》り立《た》ちがちがう別《べつ》の岩石《がんせき》です。

ざくろ石《いし》は
ガーネットという
宝石《ほうせき》なんだよ
ISHI

ざくろ石《いし》が入《はい》った角閃岩《かくせんがん》

愛媛県《えひめけん》の関川《せきがわ》では、ざくろ石《いし》をふくむ角閃岩《かくせんがん》が多《おお》く見《み》られます。

ざくろ石《いし》

変成岩《へんせいがん》

広域変成岩《こういきへんせいがん》

粘板岩《ねんばんがん》

泥岩《でいがん》が圧縮《あっしゅく》されてできた粘板岩《ねんばんがん》

泥岩《でいがん》が圧力《あつりょく》で変化《へんか》して頁岩《けつがん》になり、さらに熱《ねつ》と圧力《あつりょく》が加《くわ》わると粘《ねん》板岩《ばんがん》になります。多《おお》くは黒《くろ》っぽい見《み》た目《め》で、うすくはがれるように割《わ》れます。粒子《りゅうし》が細《こま》かく、粘土質《ねんどしつ》成分《せいぶん》がほとんどです。

比較的《ひかくてき》加工《かこう》がしやすいので、かつては屋根《やね》がわらや石材《せきざい》として使《つか》われていました。密度《みつど》の高《たか》さや、加工《かこう》でなめらかなつやを出《だ》せることから、囲碁《いご》の黒《くろ》の碁石《ごいし》としても利用《りよう》されており、三重県熊野市《みえけんくまのし》で産出《さんしゅつ》される「那智黒石《なちぐろいし》」は高級品《こうきゅうひん》とされています。

東京駅《とうきょうえき》の屋根《やね》に使《つか》われている粘板岩《ねんばんがん》

東京駅《とうきょうえき》の丸《まる》の内駅舎《うちえきしゃ》の、黒《くろ》い屋根部分《やねぶぶん》には粘板岩《ねんばんがん》が使《つか》われています。うすくはがれやすい性質《せいしつ》から、うすい板状《いたじょう》にして屋根材《やねざい》として利用《りよう》することを「スレート葺《ぶ》き」といいます。このように天然《てんねん》の岩《いわ》を使《つか》った屋根《やね》を「天然《てんねん》スレート屋根《やね》」といいます。

変成岩《へんせいがん》

広域変成岩《こういきへんせいがん》

ひすい輝石岩《きせきがん》

地下深《ちかふか》くの圧力《あつりょく》と熱水《ねっすい》の作用《さよう》でできる

輝石《きせき》のひとつである「ひすい輝石《きせき》」がモザイク状《じょう》に集《あつ》まってできています。地下深《ちかふか》くの高圧力《こうあつりょく》で変成《へんせい》した蛇紋岩《じゃもんがん》とともに地表《ちひょう》に出《で》たとされていますが、いっぽうで熱水《ねっすい》そのものがひすい輝石《きせき》の生成《せいせい》にかかわっているという説《せつ》もあり、研究《けんきゅう》が続《つづ》いています。

純粋《じゅんすい》なひすい輝石《きせき》は無色《むしょく》ですが、緑色《みどりいろ》のオンファス輝石《きせき》をふくんでいるため緑色《みどりいろ》をしています。ハンマーでも割《わ》れにくいほどかたく、こわれにくさではダイヤモンドにまさっています。

翡翠色《ひすいいろ》ってどんな色《いろ》？

「翡翠《ひすい》」はもともとカワセミという青緑色《あおみどりいろ》の鳥《とり》のことです。カワセミのように美《うつく》しい青緑色《あおみどりいろ》や黄緑色《きみどりいろ》の石《いし》なので、「ひすい」と名付《なづ》けられたのです。

変成岩《へんせいがん》

広域変成岩《こういきへんせいがん》

結《けっ》晶《しょう》片《へん》岩《がん》

熱《ねつ》や圧力《あつりょく》で変形《へんけい》して独特《どくとく》の構造《こうぞう》をもつ

高《たか》い圧力《あつりょく》を受《う》けることで、うすくはがれやすくなったり、鉱物《こうぶつ》が一方向《いちほうこう》にならんでしまもようをえがいたりする広域変成岩《こういきへんせいがん》を、まとめて「結晶片岩《けっしょうへんがん》」とよびます。白雲《しろうん》母《も》、黒雲母《くろうんも》、緑泥石《りょくでいせき》などのキラキラ光《ひか》る鉱物《こうぶつ》をふくむことが多《おお》く、色《いろ》は灰色《はいいろ》や銀色《ぎんいろ》、光沢《こうたく》のある緑色《みどりいろ》や赤色《あかいろ》などがあります。

もとの岩石《がんせき》は玄武岩《げんぶがん》や泥岩《でいがん》などさまざまで、そのちがいにより生《せい》成《せい》される鉱物《こうぶつ》が異《こと》なります。白雲《しろうん》母片岩《もへんがん》、黒色片岩《こくしょくへんがん》、緑色片岩《りょくしょくへんがん》、石英《せきえい》片岩《へんがん》などに細《こま》かく分類《ぶんるい》されます。

長瀞《ながとろ》の岩畳《いわだたみ》

埼玉県《さいたまけん》の長瀞《ながとろ》では、秩父片《ちちぶへん》岩《がん》ともよばれる結晶片岩《けっしょうへんがん》が有名《ゆうめい》です。板《いた》のような結晶《けっしょう》片岩《へんがん》が層《そう》になっていて「岩《いわ》畳《だたみ》」という、畳《たたみ》をしきつめたような独特《どくとく》な景観《けいかん》を生《う》み出《だ》しているのです。

変成岩《へんせいがん》
広域変成岩《こういきへんせいがん》

片《へん》麻《ま》岩《がん》

鉱物《こうぶつ》のしまもようが特徴的《とくちょうてき》な岩石《がんせき》

結晶片岩《けっしょうへんがん》がさらに地下深《ちかふか》くで熱《ねっ》せられて結晶《けっしょう》が大《おお》きく成長《せいちょう》したり、花《か》こう岩《がん》のようにもともと結晶《けっしょう》が大《おお》きい岩石《がんせき》が変化《へんか》したりしてできるのが片麻岩《へんまがん》です。しまもようの構造《こうぞう》はありますが、うすくはがれる性質《せいしつ》はありません。

見《み》かけは花《か》こう岩《がん》に似《に》ています。白《しろ》っぽい部分《ぶぶん》は石英《せきえい》や長石《ちょうせき》、黒《くろ》っぽい部分《ぶぶん》は黒雲母《くろうんも》が多《おお》く、それらがならんでしまもようをつくっています。このしまもようのことを「片麻状組織《へんまじょうそしき》」といいます。

眼球片麻岩《がんきゅうへんまがん》

ピンク色《いろ》のカリ長石《ちょうせき》の大《おお》きな結晶《けっしょう》が目《め》のように見《み》える、ということから「眼球片麻岩《がんきゅうへんまがん》」と名付《なづ》けられています。

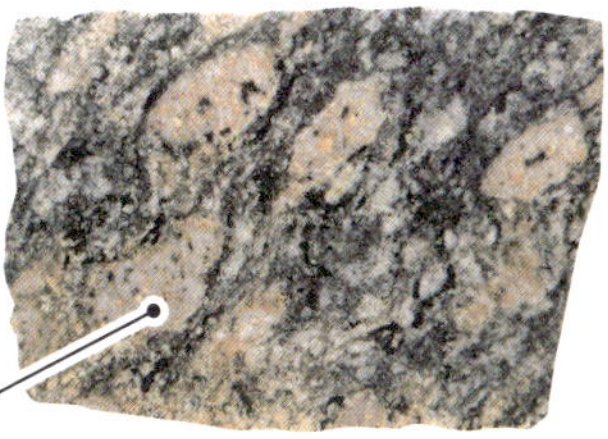

化《か》石《せき》ってどんな石《いし》？

化《か》石《せき》は、大昔《おおむかし》の生《い》き物《もの》や植物《しょくぶつ》が長《なが》い時間《じかん》をかけて地層《ちそう》の中《なか》で固《かた》まったもののことです。恐竜《きょうりゅう》の骨《ほね》や貝殻《かいがら》などが有名《ゆうめい》ですが、木《こ》の葉《は》や足跡《あしあと》なども化石《かせき》として残《のこ》っています。植物《しょくぶつ》が多量《たりょう》に堆積《たいせき》し熟成《じゅくせい》してできる「石炭《せきたん》」や、植物《しょくぶつ》の樹脂《じゅし》（やに）が固《かた》まってできる「コハク」なども化石《かせき》の一種《いっしゅ》です。

化石《かせき》は、過去《かこ》の地球《ちきゅう》の生態《せいたい》や環境《かんきょう》を知《し》る手《て》がかりとなる、とても貴重《きちょう》なものなのです。

化石《かせき》のでき方《かた》

①生《い》き物《もの》の死《し》

恐竜《きょうりゅう》や貝《かい》などが死《し》んで、どろや砂《すな》にうもれます。

②骨《ほね》や殻《から》になる

土砂《どしゃ》にうもれて、肉《にく》はなくなり、骨《ほね》や殻《から》が残《のこ》ります。

③石《いし》になる

何百万年《なんびゃくまんねん》もかけて鉱物《こうぶつ》が骨《ほね》や殻《から》に積《つ》もって一体化《いったいか》し、化石《かせき》となります。

サンゴの化石《かせき》

古代《こだい》のサンゴが堆積物《たいせきぶつ》の中《なか》で長《なが》い年月《ねんげつ》をかけて石《いし》になったもの。古代《こだい》の海洋環境《かいようかんきょう》や生物進化《せいぶつしんか》、絶滅《ぜつめつ》などの原因《げんいん》をさぐるためのヒントとなる。アクセサリーとして使用《しよう》されることも。

アンモナイトの化石《かせき》

恐竜《きょうりゅう》と同《おな》じころ（約《やく》2億《おく》5000万《まん》～6500万年前《まんねんまえ》）に、海《うみ》に生息《せいそく》していたイカやタコの仲間《なかま》の動物《どうぶつ》であるアンモナイトの殻《から》が、長《なが》い年月《ねんげつ》をかけて石《いし》になったもの。写真《しゃしん》のアンモナイトの化石《かせき》は、その一部《いちぶ》が鉱物《こうぶつ》のオパールに変《か》わっており、地質学《ちしつがく》や古生物学《こせいぶつがく》の研究資料《けんきゅうしりょう》としても重要《じゅうよう》。

サメの歯《は》

サメの骨格《こっかく》は軟骨《なんこつ》でできているため体《からだ》の化石《かせき》はほとんどないが、歯《は》はエナメル質《しつ》をふくむかたい成分《せいぶん》でできているので、化石《かせき》として残《のこ》りやすい。サメは一生《いっしょう》の間《あいだ》に何千本《なんぜんぼん》もの歯《は》を生《は》え変《か》わらせることも、化石《かせき》が多《おお》く残《のこ》りやすい理由《りゆう》。

珪化木《けいかぼく》

木《き》の細胞《さいぼう》がくさらずに長《なが》い時間《じかん》をかけて石《いし》になったもの。一見《いっけん》するとただの石《いし》だが、顕微鏡《けんびきょう》で見《み》ると元《もと》の木《き》の細胞《さいぼう》や繊維《せんい》が保存《ほぞん》されていることがわかる。世界中《せかいじゅう》のさまざまな地域《ちいき》で見《み》つかっているが、アメリカ・アリゾナ州《しゅう》の化石《かせき》の森国立公園《もりこくりつこうえん》が珪化木《けいかぼく》の産地《さんち》として有名《ゆうめい》。

石炭《せきたん》

太古《たいこ》の植物《しょくぶつ》が地中《ちちゅう》で石化《せきか》したもの。20世紀初頭《せいきしょとう》に石油《せきゆ》エネルギーに取《と》って変《か》わられるまでは、世界《せかい》でもっとも重要《じゅうよう》な燃料《ねんりょう》として広《ひろ》く使《つか》われていた。石炭《せきたん》は地中《ちちゅう》に地層《ちそう》の形《かたち》で存在《そんざい》しており、石炭《せきたん》の鉱山《こうざん》は炭鉱《たんこう》とよばれる。日本《にほん》でも明治時代《めいじじだい》には北海道《ほっかいどう》や九州《きゅうしゅう》など各地《かくち》で炭鉱《たんこう》が開発《かいはつ》された。

岩石《がんせき》をつくっている
鉱物《こうぶつ》

石英《せきえい》

モース硬度《こうど》
7

比重《ひじゅう》
2.7

色《いろ》
無色《むしょく》～白色《しろいろ》、ピンク色《いろ》、紫色《むらさきいろ》など

透明感《とうめいかん》のあるかたい鉱物《こうぶつ》

岩石《がんせき》を形《かたち》づくる鉱物《こうぶつ》のなかでも、ナイフでも傷《きず》つかないくらいかたくて透明感《とうめいかん》があるのが石英《せきえい》です。割《わ》れ口《くち》はガラスのような光沢《こうたく》があります。おもに火成岩《かせいがん》や変成《へんせい》岩《がん》にふくまれていますが、鉱物《こうぶつ》として石英《せきえい》単体《たんたい》で見《み》つかることもあります。

岩石《がんせき》を構成《こうせい》している石英《せきえい》には、にごりや黒《くろ》っぽさがあることが多《おお》いですが、なかには透明度《とうめいど》が高《たか》く美《うつく》しい結晶《けっしょう》があり、それらは「水《すい》晶《しょう》」とよばれ、宝石《ほうせき》としても利用《りよう》されています。

結晶《けっしょう》の形《かたち》は２種類《しゅるい》

石英《せきえい》はできるときの温度《おんど》の条件《じょうけん》によって、結晶《けっしょう》の形《かたち》が変《か》わります。573℃をさかいにして、六角柱状《ろっかくちゅうじょう》の低温《ていおん》型石英《がたせきえい》と、柱面《ちゅうめん》のない高温《こうおん》型石英《がたせきえい》に分《わ》かれます。

低温型《ていおんがた》

アルファ（α）型石英《がたせきえい》ともよばれる。

高温型《こうおんがた》

ベータ（β）型石英《がたせきえい》ともよばれる。

カリ長石《ちょうせき》

さまざまな岩石《がんせき》のもとになるカリ長石《ちょうせき》

モース硬度《こうど》 6

比重《ひじゅう》 2.6

色《いろ》 白色《しろいろ》～ベージュ、ピンク色《いろ》

カリウムをふくむ長石《ちょうせき》をまとめてカリ長石《ちょうせき》といいます。白《しろ》やピンク色《いろ》の「双晶《そうしょう》」という四角《しかく》い結晶《けっしょう》になることも多《おお》く、いろいろな岩石《がんせき》にふくまれています。

カリ長石《ちょうせき》には正長石《せいちょうせき》や微斜長石《びしゃちょうせき》などの種類《しゅるい》があります。また、深成岩《しんせいがん》を構成《こうせい》するものと火山岩《かざんがん》を構成《こうせい》するものにはちがいがありますが、肉眼《にくがん》ではわかりません。特定《とくてい》の方向《ほうこう》に割《わ》れやすい性質《せいしつ》（へき開《かい》）をもち、ガラスのような光沢《こうたく》がありますが、多《おお》くの場合《ばあい》、透明感《とうめいかん》はほとんどありません。

ムーンストーン
（月長石《げっちょうせき》）

カリ長石《ちょうせき》がおもな成分《せいぶん》の天然石《てんねんせき》です。正長石《せいちょうせき》と曹《そう》長石《ちょうせき》の層《そう》が重《かさ》なって、独特《どくとく》なもようがあらわれるのが特徴《とくちょう》です。

カオリナイト

長石《ちょうせき》が長《なが》い年月《ねんげつ》の間《あいだ》に風化《ふうか》されることによってつくられる粘土鉱物《ねんどこうぶつ》の一種《いっしゅ》です。この鉱物《こうぶつ》がよく掘《ほ》り出《だ》された中国《ちゅうごく》の「高嶺（ガオリン）」にちなんで名付《なづ》けられました。

斜《しゃ》長《ちょう》石《せき》

地殻《ちかく》の主要部分《しゅようぶぶん》のほとんどが斜長石《しゃちょうせき》

モース硬度《こうど》：6～6.5

比重《ひじゅう》：2.6～2.7

色《いろ》：無色《むしょく》、白色《しろいろ》、灰色《はいいろ》、淡《あわ》い青色《あおいろ》、ピンク色《いろ》

カルシウムとナトリウムがおもな成分《せいぶん》で、ほとんどの火成岩《かせいがん》にふくまれています。変成岩《へんせいがん》にもふくまれることが多《おお》く、目《め》にする機会《きかい》がもっとも多《おお》い鉱物《こうぶつ》といえるでしょう。

成分《せいぶん》によって曹長石《そうちょうせき》（ナトリウムが多《おお》い長石《ちょうせき》）と灰長石《かいちょうせき》（カルシウムが多《おお》い長石《ちょうせき》）とに分《わ》けられます。特定《とくてい》の方向《ほうこう》に割《わ》れるへき開《かい》をもち、粉砕《ふんさい》されたものはガラスや陶磁器《とうじき》などの原料《げんりょう》として使《つか》われています。

青《あお》や緑《みどり》や
いろいろな色《いろ》が
見《み》えるんだって！

ラブラドライト（ラブラドル長石《ちょうせき》）
光《ひかり》を当《あ》てると青《あお》や虹色《にじいろ》に輝《かがや》く性質《せいしつ》があるものは、ラブラドライトという名前《なまえ》でよばれています。カナダのラブラドル半島《はんとう》で産出《さんしゅつ》されたことが名《な》前《まえ》の由来《ゆらい》です。

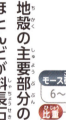

黒《くろ》雲《うん》母《も》

割《わ》れ口《くち》が樹脂《じゅし》のような輝《かがや》き

モース硬度《こうど》 2.5～3

比重《ひじゅう》 2.8～3.4

色《いろ》 褐色《かっしょく》～黒色《くろいろ》

鉄《てつ》を多《おお》くふくむ鉄雲母《てつうんも》とマグネシウムを多《おお》くふくむ金雲母《きんうんも》の中間《ちゅうかん》の成分《せいぶん》のものを「黒雲母《くろうんも》」とよびます。うすくはがれやすい性質《せいしつ》で、へき開面《かいめん》はキラキラと輝《かがや》いています。割《わ》れ口《くち》以外《いがい》にはそれほど光沢《こうたく》はありません。

やわらかく、釘《くぎ》などで簡単《かんたん》に傷《きず》がつきます。砂場《すなば》で見《み》かける金色《きんいろ》のうすいキラキラしたつぶは黒雲《くろうん》母《も》です。黒色《くろいろ》がほとんどですが、ふくまれるマグネシウムが多《おお》いと色《いろ》がうすくなって褐色《かっしょく》に見《み》えることもあります。

園芸用《えんげいよう》に使《つか》われるバーミキュライトの元《もと》は、黒雲母《くろうんも》や金雲母《きんうんも》が風化《ふうか》してできた苦土《くど》蛭石《ひるいし》です。蛭石《ひるいし》は熱《ねつ》を加《くわ》えると水分《すいぶん》が蒸発《じょうはつ》して層《そう》と層《そう》の間《あいだ》が広《ひろ》がる性質《せいしつ》があります。すきまができることによって水分《すいぶん》や養分《ようぶん》を保《たも》ってくれるため、園芸《えんげい》だけでなく断熱材《だんねつざい》や防火材《ぼうかざい》としても使《つか》われています。

白《しろ》雲《うん》母《も》

うすくはがれて電《でん》気《き》を通《とお》さない

黒雲母《くろうんも》と同《おな》じようにうすくはがれやすい鉱物《こうぶつ》です。昔《むかし》はうすくはがしたものをガラスの代《か》わりに利用《りよう》したこともありました。

花《か》こう岩《がん》や変成岩《へんせいがん》にふくまれることが多《おお》く、へき開面《かいめん》の割《わ》れ口《くち》に光沢《こうたく》があるのも黒雲母《くろうんも》と同《おな》じですが、ほかの雲母《うんも》と異《こと》なり電気《でんき》を通《とお》さない性質《せいしつ》をもっています。そのため電気絶縁体《でんきぜつえんたい》として利《り》用《よう》されてきました。

白雲母《しろうんも》は、ロシアの首都《しゅと》モスクワにちなんでマスコバイトとよばれています。

モース硬度《こうど》 2.5

比重《ひじゅう》 2.8～2.9

色《いろ》 無色《むしょく》、白色《しろいろ》、黄色《きいろ》、褐色《かっしょく》など

うすくはがれやすい

白雲母《しろうんも》をごくうすくはがすと、向《む》こう側《がわ》が見《み》えるくらいすきとおっている。

雲母《うんも》は真珠《しんじゅ》みたいにキラキラ輝《かがや》くようすから「きらら」ともよばれているよ！

角《かく》閃《せん》石《せき》

柱状《ちゅうじょう》または針状《はりじょう》の結晶《けっしょう》になる

火成岩《かせいがん》や変成岩《へんせいがん》の中《なか》に見《み》られ、カルシウムやナトリウム、マグネシウム、アルミニウムなどをふくむ鉱物《こうぶつ》で、黒《くろ》っぽく柱《はしら》のような細《ほそ》長《なが》い形《かたち》が特徴《とくちょう》です。結晶《けっしょう》の断面《だんめん》はつぶれたような八角形《はっかっけい》をしています。斜《なな》め方向《ほうこう》へ割《わ》れやすく、へき開面《かいめん》は光《ひかり》が反射《はんしゃ》して光《ひか》りますが、黒雲母《くろうんも》ほどの輝《かがや》きはありません。

緑閃石《りょくせんせき》や藍閃石《らんせんせき》などさまざまな種類《しゅるい》の石《いし》たちをまとめて「角閃石《かくせんせき》グループ」とよんでいます。しかし一般的《いっぱんてき》に角閃石《かくせんせき》という場合《ばあい》はほぼ「普通角閃石《ふつうかくせんせき》」を指《さ》します。

モース硬度《こうど》
5〜6

比重《ひじゅう》
3.1〜3.3

色《いろ》
黒色《くろいろ》、緑色《みどりいろ》、褐色《かっしょく》

角閃石《かくせんせき》の仲間《なかま》は
187 種類《しゅるい》も
あるんだって！
ISHI

黒《くろ》くて細長《ほそなが》い結晶《けっしょう》

四角《しかく》い長《なが》い柱《はしら》のように見《み》えるのが角閃石《かくせんせき》。大《おお》きな結晶《けっしょう》ほど、光《ひかり》が反射《はんしゃ》するとキラキラ光《ひか》る。

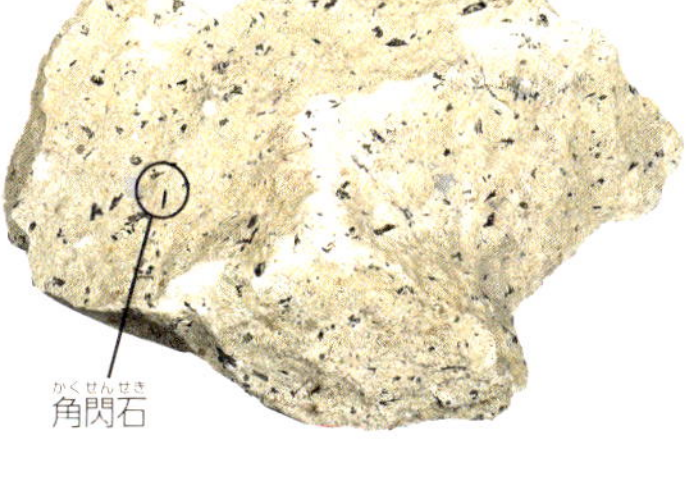
角閃石《かくせんせき》

輝《き》石《せき》

おもに火成岩《かせいがん》や変成岩《へんせいがん》にふくまれる

モース硬度《こうど》：5.5〜6

比重《ひじゅう》：3.2〜3.6

色《いろ》：黒色《くろいろ》、暗緑色《あんりょくしょく》、褐色《かっしょく》

輝石《きせき》の仲間《なかま》は21種類《しゅるい》ほどあります。おもに結晶《けっしょう》が斜《なな》めに傾《かたむ》いている特徴《とくちょう》がある「単斜輝石《たんしゃきせき》」と、結《けっ》晶《しょう》が直線的《ちょくせんてき》で対照的《たいしょうてき》にできている特徴《とくちょう》のある「直方輝石《ちょくほうきせき》」に分《わ》けることができます。

単斜輝石《たんしゃきせき》は長《なが》い柱《はしら》の形《かたち》をした角《かく》閃石《せんせき》とよく似《に》ています。どちらも割《わ》れやすい方向《ほうこう》がふたつあり、その2方向《ほうこう》が交差《こうさ》しているという共《きょう》通点《つうてん》があります。また、単斜輝石《たんしゃきせき》には黒《くろ》っぽい普通輝石《ふつうきせき》や、緑《みどり》っぽく透明感《とうめいかん》がある透輝石《とうきせき》が多《おお》く見《み》られます。

くらべてみよう！ 輝石《きせき》と角閃石《かくせんせき》

輝石《きせき》は、角閃石《かくせんせき》と比《くら》べてみると短《みじか》めの柱状《ちゅうじょう》の形《かたち》が多《おお》いといえます。断面《だんめん》を比《くら》べると、輝石《きせき》のほうが四角形《しかっけい》に近《ちか》い形《かたち》をしています。

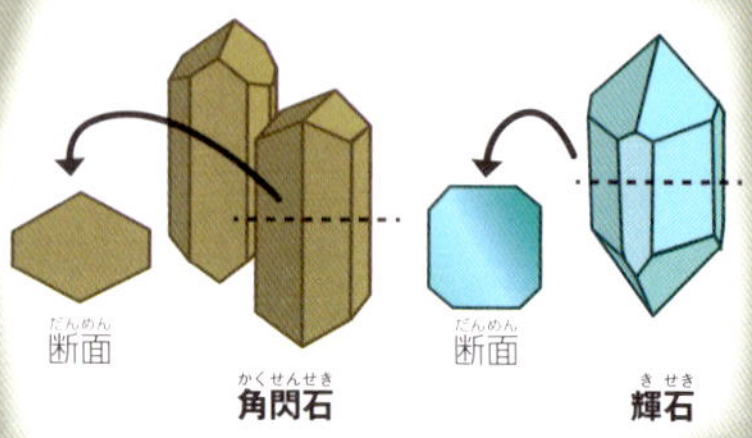

かんらん石《せき》

地球《ちきゅう》のマントルを形《かたち》づくる緑色《みどりいろ》の鉱物《こうぶつ》

モース硬度《こうど》 6.5～7
比重《ひじゅう》 3.2～3.8
色《いろ》 淡《あわ》い緑色《みどりいろ》～暗《くら》い褐色《かっしょく》

　火山《かざん》の溶岩《ようがん》にふくまれることが多《おお》い鉱物《こうぶつ》で、海岸《かいがん》の砂《すな》にもたくさんまざっています。かんらん石《せき》は淡《あわ》い緑《みどり》から暗《くら》い褐色《かっしょく》をしていて、ふくまれる鉄《てつ》とマグネシウムの割《わり》合《あい》によって色《いろ》が変《か》わります。マグネシウムの割合《わりあい》が大《おお》きい純粋《じゅんすい》なかんらん石《せき》は無色透明《むしょくとうめい》で、鉄《てつ》が多《おお》いと緑色《みどりいろ》が濃《こ》くなっていきます。

　かんらん石《せき》の集合体《しゅうごうたい》が、マントルの一部《いちぶ》を構成《こうせい》しているかんらん岩《がん》であるため、地球《ちきゅう》の上部《じょうぶ》マントルは緑色《みどりいろ》をしていると考《かんが》えられています。

宝石《ほうせき》のペリドット

美《うつく》しいかんらん石《せき》の結晶《けっしょう》は「ペリドット」という名前《なまえ》の宝石《ほうせき》として知《し》られています。夜《よる》の明《あ》かりのもとでもあざやかな緑色《みどりいろ》をしていることから、古代《こだい》ローマでは「イブニングエメラルド（夜会《やかい》のエメラルド）」とよばれました。

岩石《がんせき》をつくっている
鉱物《こうぶつ》

ざくろ石《いし》

くだもののザクロに似《に》ている

モース硬度《こうど》
6.5〜7.5

比重《ひじゅう》
3.5〜4.4

色《いろ》
赤色《あかいろ》、暗《くら》い赤色《あかいろ》、暗《くら》い茶色《ちゃいろ》、ピンク色《いろ》、緑色《みどりいろ》など

火成岩《かせいがん》や変成岩《へんせいがん》にふくまれていることが多《おお》いですが、砂岩《さがん》にふくまれていたり、川《かわ》の砂《すな》の中《なか》にたまっていたりすることもあります。細《こま》かいものは日本各地《にほんかくち》の川《かわ》でよく見《み》つかります。

多《おお》くは、二十四面体《にじゅうしめんたい》、十二面体《じゅうにめんたい》などのコロコロした形《かたち》で、結晶《けっしょう》の集合体《しゅうごうたい》がくだもののザクロのように見《み》えるのが名前《なまえ》の由来《ゆらい》です。ザクロなので赤《あか》い色《いろ》だけと思《おも》われがちですが、ふくまれる物質《ぶっしつ》によって色《いろ》にさまざまなバリエーションがあります。

どっちも赤《あか》くて
ツヤツヤだね！

ザクロの実

ざくろ石《いし》

赤《あか》い宝石《ほうせき》のガーネット

ざくろ石《いし》はガーネットという宝石《ほうせき》としても知《し》られていますが、もっとも一般的《いっぱんてき》なのが赤《あか》色《いろ》のガーネットです。ほかに、緑色《みどりいろ》や黄色《きいろ》、橙色《だいだいいろ》のガーネットもあります。

岩石《がんせき》をつくっている

鉱物《こうぶつ》

方《ほう》解《かい》石《せき》

モース硬度《こうど》 3

比重《ひじゅう》 2.7

色《いろ》 無色《むしょく》、ピンク色《いろ》、黄色《きいろ》、緑色《みどりいろ》、青色《あおいろ》など

いろいろな形《かたち》と色《いろ》がある

見《み》た目《め》は石英《せきえい》に似《に》ていますが、方解石《ほうかいせき》はナイフで傷《きず》がつく程度《ていど》にやわらかい鉱物《こうぶつ》です。三方向《さんほうこう》にきれいに割《わ》れる性質《せいしつ》があり、割《わ》れ口《くち》は平行四辺形《へいこうしへんけい》のようになります。成分《せいぶん》は炭酸《たんさん》カルシウムで、塩酸《えんさん》をかけると泡《あわ》を出《だ》してとけます。

純粋《じゅんすい》な方解石《ほうかいせき》は無色《むしょく》か白《しろ》ですが、まざっている成分《せいぶん》によってさまざまな色《いろ》になります。また、不《ふ》純物《じゅんぶつ》の少《すく》ないとうめいな結晶《けっしょう》は物《もの》を二重《にじゅう》に見《み》せる性質《せいしつ》をもっていて、光学機器《こうがくきき》などの偏光《へんこう》プリズムとして利用《りよう》されることがあります。

静岡県《しずおかけん》の竜《りゅう》ヶ岩《が》洞《どう》には、方解石《ほうかいせき》でできた鍾乳石《しょうにゅうせき》がたくさんある。

いろいろな色《いろ》や形《かたち》の方解石《ほうかいせき》

方解石《ほうかいせき》はさまざまな色《いろ》や形《かたち》をしています。すきとおっているもの、四角《しかく》い結晶《けっしょう》になるものなど、見《み》ていてあきない鉱物《こうぶつ》です。

磁《じ》鉄《てつ》鉱《こう》

磁石《じしゃく》にくっつく性質《せいしつ》をもつ

モース硬度《こうど》：5.5～6.5
比重《ひじゅう》：5.2
色《いろ》：黒色《くろいろ》

多《おお》くの火成岩《かせいがん》や変成岩《へんせいがん》にふくまれ、磁力《じりょく》が強《つよ》く、砂鉄《さてつ》のもとになる鉱物《こうぶつ》です。磁力《じりょく》がとくに強《つよ》いものは天然磁石《てんねんじしゃく》ともよばれます。古《ふる》くから鉄鉱石《てっこうせき》として採掘《さいくつ》され、利《り》用《よう》されてきました。

川原《かわら》や海辺《うみべ》の砂《すな》の集《あつ》まるところに磁石《じしゃく》を置《お》いて、引《ひ》き寄《よ》せられる砂鉄《さてつ》のほとんどは磁鉄鉱《じてっこう》です。ほかの川砂《かわずな》よりも重《おも》いので、水《みず》の中《なか》でふるいにかけると底《そこ》にたまります。色《いろ》は黒《くろ》っぽく、金属《きんぞく》のような光沢《こうたく》があります。

鳥取砂丘《とっとりさきゅう》にも砂鉄《さてつ》がたくさん！

山陰地方《さんいんちほう》の花《か》こう岩《がん》には磁鉄鉱《じてっこう》がふくまれているものが多《おお》く、花《か》こう岩《がん》がくだけて砂《すな》になった鳥取砂丘《とっとりさきゅう》の砂にも、砂鉄《さてつ》（磁鉄鉱）がたくさん入《はい》っています。昔《むかし》から、島根県《しまねけん》や鳥取県《とっとりけん》では、磁鉄鉱《じてっこう》を集《あつ》め「たたら」という独自《どくじ》の製鉄方法《せいてつほうほう》で鉄《てつ》の材料《ざいりょう》を取《と》り出《だ》し、刀《かたな》などをつくってきました。

岩石《がんせき》をつくっている
鉱物《こうぶつ》

ジルコン

ダイヤモンドにならぶ輝《かがや》きをもつ

モース硬度《こうど》 7.5
比重《ひじゅう》 4.7
色《いろ》 無色《むしょく》、黄色《きいろ》、橙色《だいだいいろ》、赤色《あかいろ》、青色《あおいろ》、緑色《みどりいろ》、褐色《かっしょく》

火成岩《かせいがん》の中《なか》に小《ちい》さな結晶《けっしょう》としてふくまれていることが多《おお》く、風化《ふうか》すると砂岩《さがん》にもまじることがあります。世界最古《せかいさいこ》の鉱物《こうぶつ》といわれ、44億年前《おくねんまえ》のジルコンがオーストラリアで発見《はっけん》されています。和名《わめい》は風信子石《ふうしんしせき》で、ジルコンの色《いろ》が風信《ふうしん》子《し》（ヒヤシンス）に似《に》ていることにちなみます。

無色《むしょく》とうめいで美《うつく》しいものは、ダイヤモンドの代《か》わりとして利用《りよう》されてきました。名前《なまえ》が似《に》ているジルコニアは人工的《じんこうてき》に合成《ごうせい》された宝石《ほうせき》で、ジルコンではありません。

ジルコン

ダイヤモンド

水晶《すいしょう》

六角柱《ろっかくちゅう》の形《かたち》をした結晶《けっしょう》

石英《せきえい》と同《おな》じ二酸化《にさんか》ケイ素《そ》という成分《せいぶん》でできていますが、すきとおっていて美《うつく》しく、六角柱《ろっかくちゅう》のような形《かたち》のものを「水晶《すいしょう》」とよんでいます。柱《はしら》の形《かたち》で成長《せいちょう》するのが特徴《とくちょう》で、柱状《ちゅうじょう》の結晶《けっしょう》が集《あつ》まった状態《じょうたい》になることもあります。無色《むしょく》とうめいなものが一般的《いっぱんてき》ですが、さまざまな色《いろ》のものがあります。

日本《にほん》ではおもに川《かわ》から採掘《さいくつ》され、北海道《ほっかいどう》や長野県《ながのけん》、岐阜県《ぎふけん》などが採掘地《さいくつち》として知《し》られています。装飾品《そうしょくひん》や占《うらな》いなどにも使《つか》われているほか、精密機器《せいみつきき》や光学機器《こうがくきき》などにも広《ひろ》く利用《りよう》されています。

いろいろな水晶《すいしょう》

くすんだ色《いろ》の煙水晶《けむりすいしょう》

ピンク色《いろ》のローズクオーツ

黄色《きいろ》いシトリン

紫色《むらさきいろ》のアメシスト

中《なか》にルチルや電気石《でんきせき》が入《はい》った水晶《すいしょう》

ひすい

世界最古《せかいさいこ》とされる日本《にほん》のひすい加工《かこう》

古代《こだい》から勾玉《まがたま》などの道具《どうぐ》に加工《かこう》されて使《つか》われてきたひすいは、日《に》本《ほん》の「国《くに》の石《いし》」として認定《にんてい》されています。ひすい輝石《きせき》の細《こま》かい結晶《けっしょう》がからみ合《あ》ってできているので、ダイヤモンドより割《わ》れにくく、硬《こう》玉《ぎょく》ともよばれています。

ひすい自体《じたい》の色《いろ》は白色《しろいろ》ですが、ほかの鉱物《こうぶつ》がまざったうすい緑《みどり》、青《あお》、紫色《むらさきいろ》が見《み》られるものや、光《ひかり》がすけるものがもっぱら人気《にんき》です。日本《にほん》には10か所《しょ》ほどひすいの産地《さんち》がありますが、色《いろ》のついたひすいを産出《さんしゅつ》するのはほぼ糸魚川周辺《いといがわしゅうへん》にかぎられています。

ロディン岩《がん》

ネフライト

日本《にほん》のひすいには
白《しろ》っぽいものが
多《おお》いのだ！

ひすいのソックリさんは、きつね石《いし》？

ひすいとよく似《に》ている石《いし》を「きつね石《いし》」とよびます。きつねが化《ば》けて人《ひと》をだますのにちなんで、本物《ほんもの》のひすいに化《ば》けた石《いし》というわけです。一般的《いっぱんてき》にきつね石《いし》とよばれるものには、ネフライト（緑閃石《りょくせんせき》をふくむ集合体《しゅうごうたい》）があります。ひすいよりもやわらかいので、ひすいを指《さ》す「硬玉《こうぎょく》」に対《たい》してネフライトは「軟《なん》玉《ぎょく》」とよばれます。ほかにもロディン岩《がん》や蛇《じゃ》紋岩《もんがん》など、ひすいとまちがえやすいものがあるのでご注意《ちゅうい》を。

めのう

めのう・玉《ぎょく》髄《ずい》（カルセドニー）

細《こま》かい石英《せきえい》の結晶《けっしょう》の集合体《しゅうごうたい》

　めのうも玉髄《ぎょくずい》（カルセドニー）も石英《せきえい》の一種《いっしゅ》で、目《め》に見《み》えないくらい細《こま》かい石英《せきえい》がせんいのように集《あつ》まってできたものです。一般的《いっぱんてき》にはしまもようやうずまきもようがあるものをめのう、ないものを玉《ぎょく》髄《ずい》として区別《くべつ》しています。

　めのうのしまは、同心円《どうしんえん》、脈状《みゃくじょう》などさまざまです。火山岩《かざんがん》が冷《ひ》え固《かた》まるときに不純物《ふじゅんぶつ》がまざるなどして、しまもようができると考《かんが》えられています。玉髄《ぎょくずい》は石英《せきえい》のせんい状《じょう》の結晶《けっしょう》が網目《あみめ》のようにからまってできたとされています。

白《しろ》っぽい玉髄《ぎょくずい》

玉髄《ぎょくずい》は火山岩《かざんがん》などの空洞《くうどう》やすきまで層《そう》状《じょう》、またはブドウの房状《ふさじょう》に結晶《けっしょう》し、火山《かざん》岩《がん》がよく分布《ぶんぷ》する日本海側《にほんかいがわ》の海岸《かいがん》の砂利《じゃり》の中《なか》からよく見《み》つかります。もようが多《た》彩《さい》で派手《はで》な色《いろ》が多《おお》いめのうと比《くら》べると、無色《むしょく》や白《しろ》、灰色《はいいろ》など、玉髄《ぎょくずい》はすっきりと落《お》ち着《つ》いた色《いろ》のことがほとんどです。

オパール

不思議《ふしぎ》で美《うつく》しい輝《かがや》きの非晶質鉱物《ひしょうしつこうぶつ》

石英《せきえい》の成分《せいぶん》に、ケイ酸《さん》をふくんだ水《みず》が結《むす》びついてできるのがオパールです。虹色《にじいろ》のような独特《どくとく》の輝《かがや》き（遊色効果《ゆうしょくこうか》）が魅力《みりょく》です。

おもな成分《せいぶん》は水晶《すいしょう》と同《おな》じですが、結晶《けっしょう》の形《かたち》にならない「非晶質《ひしょうしつ》鉱物《こうぶつ》」で、厳密《げんみつ》には鉱物《こうぶつ》とは分類《ぶんるい》されません。傷《きず》がつきやすく、乾燥《かんそう》や急激《きゅうげき》な温度変化《おんどへんか》で割《わ》れることがあります。遊色効果《ゆうしょくこうか》が少《すく》ないふつうのオパールは乳白色《にゅうはくしょく》や緑《みどり》がかった青色《あおいろ》です。遊色効果《ゆうしょくこうか》の高《たか》いものは虹色《にじいろ》で強《つよ》く輝《かがや》き、値段《ねだん》も高《こう》価《か》になります。

福島県《ふくしまけん》で見《み》つかるオパールには遊色効果《ゆうしょくこうか》が見《み》られる場合《ばあい》もありますが、日本《にほん》で見《み》つかるオパールはほとんどがミルク色《いろ》です。遊色効果《ゆうしょくこうか》の高《たか》いオパールは「プレシャス・オパール」、低《ひく》いものは「コモン・オパール」とよばれています。

虹色《にじいろ》に輝《かがや》くものが
見《み》つかったら
ラッキーだね！
ISHI

日本《にほん》でとれる
宝石《ほうせき》

孔《く》雀《じゃく》石《いし》

銅《どう》が変化《へんか》してできる緑色《みどりいろ》の鉱物《こうぶつ》

銅《どう》が、水《みず》や酸素《さんそ》の作用《さよう》で酸化《さんか》してできます。銅《どう》をふくむ鉱物《こうぶつ》の表面《ひょうめん》にはりつくようにできるほか、せんい状《じょう》、層状《そうじょう》、かたまり状《じょう》などさまざまな形《かたち》をしています。かたまりで出《で》てきた場合《ばあい》、断面《だんめん》にクジャクが羽《はね》を広《ひろ》げたようなもようが見《み》られることがあります。

川《かわ》の上流《じょうりゅう》に銅鉱山《どうこうざん》があった地域《ちいき》などでは見《み》つけやすく、昔《むかし》は銅《どう》の鉱床《こうしょう》を見《み》つけるときに孔雀石《くじゃくいし》がある場所《ばしょ》の近《ちか》くを探《さが》すようにしていました。粉《こな》にして、岩絵《いわえ》の具《ぐ》（緑青《ろくしょう》という色《いろ》）としても古《ふる》くから利用《りよう》されてきました。

クジャクの羽《はね》

蛍《ほたる》石《いし》

紫外線《しがいせん》によってホタルのように光《ひか》る

熱水鉱脈《ねっすいこうみゃく》や火成岩《かせいがん》や変成岩《へんせいがん》に生成《せいせい》されることの多《おお》い鉱物《こうぶつ》です。無色《むしょく》をはじめ、さまざまな色《いろ》があり、半《はん》とうめいや白色《しろいろ》のものは石英《せきえい》や方解石《ほうかいせき》などとまぎらわしい場合《ばあい》も。ナイフで傷《きず》がついたら蛍石《ほたるいし》、傷《きず》つかなければ石英《せきえい》、と覚《おぼ》えるといいでしょう。

紫外線《しがいせん》を当《あ》てるとホタルのように光《ひか》って割《わ》れて飛《と》び散《ち》ることが名前《なまえ》の由来《ゆらい》です。鉄《てつ》をつくるときや、ガラスやレンズなどをつくる材料《ざいりょう》として利用《りよう》できるため、昔《むかし》は日本《にほん》でもさかんに採掘《さいくつ》されました。

カラフルな色《いろ》の蛍石《ほたるいし》

蛍石《ほたるいし》には無色《むしょく》のものから紫色《むらさきいろ》、緑色《みどりいろ》、青色《あおいろ》、黄色《きいろ》、ピンク色《いろ》、黒色《くろいろ》のものなど、じつにさまざまなバリエーションがあります。

日本《にほん》でとれる
宝石《ほうせき》

バラ輝《き》石《せき》

美《うつく》しい赤色《あかいろ》の鉱物《こうぶつ》

バラ輝石《きせき》は、マンガンをふくむ変成岩《へんせいがん》や、不純物《ふじゅんぶつ》をふくむ石灰岩《せっかいがん》の近《ちか》くで見《み》つかります。名前《なまえ》に「輝石《きせき》」とついていますが、じつは輝石《きせき》の仲間《なかま》ではありません。発見《はっけん》されたときは輝石《きせき》の仲間《なかま》と思《おも》われていましたが、研究《けんきゅう》の結果《けっか》、輝石《きせき》ではないということがわかりました。

川原《かわら》などで見《み》つかるときは表面《ひょうめん》が酸化《さんか》して黒《くろ》くなっていますが、ハンマーで割《わ》ると、あざやかなバラ色《いろ》が見《み》えます。

ギリシャ語《ご》で「バラ」という意味《いみ》

バラ輝石《きせき》の美《うつく》しいものは「ロードナイト」とよばれ、宝石《ほうせき》としてあつかわれています。ロードとはギリシャ語《ご》で「バラ」という意味《いみ》です。色《いろ》は赤《あか》みが強《つよ》いものや、ピンク色《いろ》のものなどがあります。

日本《にほん》でとれる
宝石《ほうせき》

コハク

大昔《おおむかし》の樹脂《じゅし》が固《かた》まってできる

コハクは太古《たいこ》の木《き》の樹脂《じゅし》が固《かた》まってできたものです。学術上《がくじゅつじょう》は鉱物《こうぶつ》ではありませんが、昔《むかし》から装《そう》飾品《しょくひん》などで宝石《ほうせき》のように使《つか》われてきたため、例外的《れいがいてき》に鉱物《こうぶつ》の仲間《なかま》とされています。

比重《ひじゅう》が軽《かる》く水《みず》に浮《う》くため、バルト海沿岸《かいえんがん》では海岸《かいがん》に打《う》ち上《あ》げられています。珪化木《けいかぼく》（木《き》の化石《かせき》）をふくむ堆積岩《たいせきがん》の中《なか》からも見《み》つかることがあります。鉱物《こうぶつ》の仲間《なかま》とされてはいますが、さまざまな有機《ゆうき》物《ぶつ》がまざり合《あ》っていて、なかには虫《むし》などの生物《せいぶつ》がほぼそのまま閉《と》じこめられたものもあります。

虫入《むしい》りコハク

大昔《おおむかし》の虫《むし》が、樹脂《じゅし》の中《なか》に取《と》りこまれて化石《かせき》になっています。虫《むし》や小動物《しょうどうぶつ》が閉《と》じこめられたコハクは、科学的《かがくてき》にも貴重《きちょう》な資料《しりょう》ですが、アクセサリーとしても人気《にんき》です。めずらしい昆虫《こんちゅう》や恐竜《きょうりゅう》時代《じだい》の生物《せいぶつ》が入《はい》っている場合《ばあい》はとくに高価《こうか》になります。

石《いし》の種《しゅ》類《るい》をくわしく調《しら》べる方《ほう》法《ほう》

石《いし》を研究《けんきゅう》している人《ひと》たちは、どのように石《いし》を調《しら》べているのでしょう。

石《いし》を拾《ひろ》いながらルーペで確認《かくにん》するだけでは、石《いし》の中《なか》のようすや小《ちい》さな鉱物《こうぶつ》を見《み》ることができません。そこで、研究室《けんきゅうしつ》に持《も》ち帰《かえ》って、うすくけずって顕微鏡《けんびきょう》で調《しら》べたり、分析装置《ぶんせきそうち》にかけて成分《せいぶん》を調《しら》べたりします。このように石《いし》をくわしく調《しら》べることが、地球《ちきゅう》や宇宙《うちゅう》の秘密《ひみつ》を解《と》き明《あ》かすことにつながっているのです。

① 石《いし》を集《あつ》める

川原《かわら》や海岸《かいがん》で拾《ひろ》ったり、岩《いわ》を割《わ》ったりして石《いし》を集《あつ》める。採《さい》集《しゅう》したら、石《いし》があった場所《ばしょ》、拾《ひろ》った日《ひ》にちがわかるようにメモを取《と》る。

② 形《かたち》を整《ととの》える

ハンマーなどでたたいて割《わ》り、標本《ひょうほん》箱《ばこ》に入《はい》る大《おお》きさにする(トリミング)。必要《ひつよう》な場合《ばあい》は標本番号《ひょうほんばんごう》をつける。

③ 標本箱《ひょうほんばこ》に入《い》れる

標本番号《ひょうほんばんごう》、石《いし》の名前《なまえ》、とってきた場《ば》所《しょ》などを記録《きろく》した標本《ひょうほん》ラベルといっしょに、標本箱《ひょうほんばこ》に入《い》れる。分類方法《ぶんるいほうほう》に決《き》まりはない。

④ うすく切《き》る

岩石《がんせき》カッターやダイヤモンドカッターなど、かたいものが切《き》れる機械《きかい》を使《つか》って石《いし》をうすく切《き》る。

⑤ ものすごくうすくする

顕微鏡《けんびきょう》で観察《かんさつ》できるように、光《ひかり》がすけるうすさになるまでけずる。その後《ご》、スライドガラスにはりつけておく。

0.03mmのうすさ！

⑥ 偏光顕微鏡《へんこうけんびきょう》で見《み》る

光《ひかり》の屈折《くっせつ》の具合《ぐあい》を色《いろ》や明《あか》るさで観察《かんさつ》できる「偏光顕微鏡《へんこうけんびきょう》」でうすくした石《いし》を見《み》る。石《いし》の結晶《けっしょう》をはっきりと観察《かんさつ》できる。

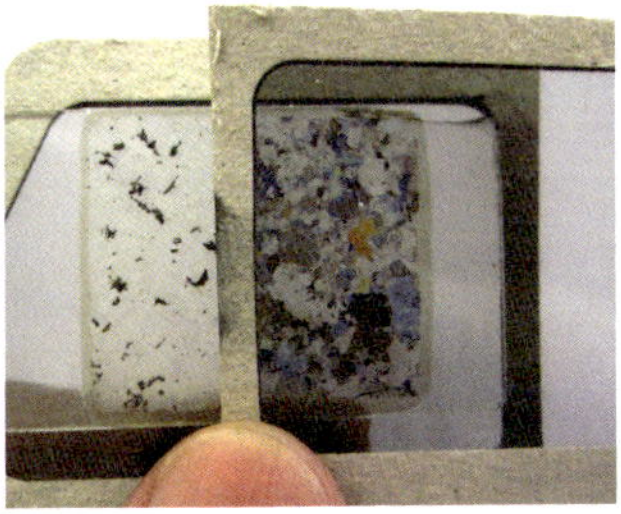

※写真《しゃしん》は、偏光板《へんこうばん》を使《つか》って、偏光顕《へんこうけん》微鏡《びきょう》の見《み》え方《かた》を再現《さいげん》したものです。

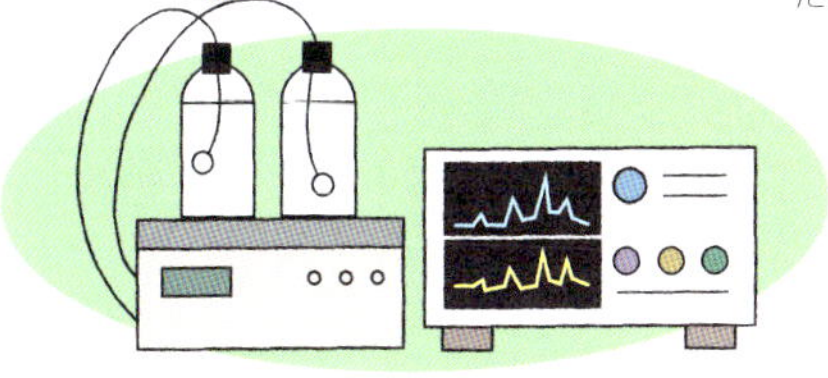

⑦ 分析《ぶんせき》する

石《いし》がどんな成分《せいぶん》でできているか、分析装《ぶんせきそう》置《ち》にかけるなどして調《しら》べる。それによって、どんな環境《かんきょう》でできた石《いし》なのかがわかる。

石《いし》を調《しら》べることで、
地球《ちきゅう》の中《なか》のことも
わかるんだよ！

コラム

ジオパークへ行《い》ってみよう！

ジオパークは、特別《とくべつ》な岩《いわ》や地形《ちけい》が集《あつ》まった場所《ばしょ》で、地球《ちきゅう》の歴史《れきし》や自然《しぜん》の仕組《しく》みを学《まな》べる公園《こうえん》です。昔《むかし》の地球《ちきゅう》がどんな姿《すがた》だったのか、山《やま》や川《かわ》がどんなふうに成《な》り立《た》ってきたのかなど、実際《じっさい》に石《いし》や地層《ちそう》を見《み》て、楽《たの》しみながら学《まな》ぶことができます。

地質《ちしつ》や地形《ちけい》などから地球《ちきゅう》の活動《かつどう》を知《し》ることで、その活動《かつどう》が人間《にんげん》や動物《どうぶつ》、植物《しょくぶつ》にどのように影響《えいきょう》しているのかもわかります。

日本《にほん》にはたくさんのジオパークがあり、それぞれに特《とく》徴的《ちょうてき》な石《いし》や景色《けしき》があります。あなたの住《す》んでいる家《いえ》の近《ちか》くにもあるかもしれませんし、旅行《りょこう》などで出《で》かけたところがじつはジオパークかもしれません。機会《きかい》があったら、ぜひおとずれてみてください。

ジオパークには
すごい石《いし》が
いっぱいあるよ！
ISHI

日本《にほん》のおもなジオパーク

日本《にほん》には、ジオパークが48か所《しょ》あります（2025年《ねん》1月現在《がつげんざい》）。そのうち10か所《しょ》は、ユネスコ世界《せかい》ジオパークに認定《にんてい》されています。

白滝《しらたき》
男鹿半島《おがはんとう》・大潟《おおがた》
佐渡《さど》
筑波山地域《つくばさんちいき》

アポイ岳《だけ》

地球《ちきゅう》の深《ふか》いところからあらわれたかんらん岩《がん》が特徴《とくちょう》で、独自《どくじ》の高山植物《こうざんしょくぶつ》も楽《たの》しめる。プレート衝突《しょうとつ》の現場《げんば》など、大地《だいち》の変動《へんどう》を学《まな》べるポイントも多《おお》い。

洞爺湖有珠山《とうやこうすざん》

大昔《おおむかし》の巨大噴火《きょだいふんか》でできた洞爺湖《とうやこ》、溶岩《ようがん》ドームなどが見《み》られる。縄文時代《じょうもんじだい》のくらしやアイヌの人《ひと》びとの当時《とうじ》の生活《せいかつ》のあとも見《み》られる。

白山手取川《はくさんてどりがわ》

流紋岩《りゅうもんがん》やグリーンタフなど、日《に》本海《ほんかい》ができる過程《かてい》で噴出《ふんしゅつ》した火《か》山岩《ざんがん》などが見《み》られる。手取川《てどりがわ》の浸食《しんしょく》でできた峡谷《きょうこく》も見《み》どころ。

糸魚川《いといがわ》

日本《にほん》で初《はじ》めて「世界《せかい》ジオパーク」に認定《にんてい》された。フォッサマグナの境目《さかいめ》を見学《けんがく》できる。日本《にほん》の国石《こくせき》ひすいの産地《さんち》としても知《し》られる。

隠岐《おき》

みがかれた片麻岩《へんまがん》のがけがあり、岩石《がんせき》を割《わ》らなくても岩石《がんせき》のつくりやガーネットなどを観察《かんさつ》できる。海《うみ》の水《みず》にけずられてできたさまざまな景観《けいかん》も楽《たの》しめる。

伊豆半島《いずはんとう》

プレートの活動《かつどう》や火山活動《かざんかつどう》で生《う》まれた伊豆半島《いずはんとう》の成《な》り立《た》ちなどが体感《たいかん》できる。柱《ちゅう》状節理《じょうせつり》やしましまの地層《ちそう》などが見《み》られる。

山陰海岸《さんいんかいがん》

日本海《にほんかい》が形成《けいせい》されて今《いま》の姿《すがた》になるまでの地形《ちけい》や地質《ちしつ》が観察《かんさつ》できる。火山活動《かざんかつどう》でできた玄武洞《げんぶどう》がある。

室戸《むろと》

古代《こだい》に海底《かいてい》に堆積《たいせき》した地層《ちそう》が見《み》られる。今《いま》でも大地《だいち》が盛《も》り上《あ》がり続《つづ》けているので、地面《じめん》や海底《かいてい》の隆起《りゅうき》の歴史《れきし》が感《かん》じられる。

島原半島《しまばらはんとう》

大《おお》きな火山活動《かざんかつどう》のあとを観《かん》察《さつ》でき、玄武岩《げんぶがん》などの火山《かざん》岩《がん》が見《み》られる。水中《すいちゅう》で堆積《たいせき》した地層《ちそう》や化石《かせき》も産出《さんしゅつ》する。

阿蘇《あそ》

阿蘇山《あそさん》の活動《かつどう》によってできた世界最大《せかいさいだい》級《きゅう》のカルデラが有名《ゆうめい》。安山岩《あんざんがん》などの岩《がん》石《せき》や柱状節理《ちゅうじょうせつり》などの、火山活動《かざんかつどう》がつくり出《だ》すさまざまな特徴《とくちょう》が見《み》られる。

行ってみたいぞ!!

コラム

おすすめ ジオパーク

たくさんあるジオパークから、おすすめの場所《ばしょ》を紹介《しょうかい》するよ！

糸魚川《いといがわ》ジオパーク（新潟県《にいがたけん》）

日本《にほん》で唯一《ゆいいつ》、緑色《みどりいろ》のひすいが見《み》つかる川《かわ》や海岸《かいがん》があり、ひすい輝石岩《きせきがん》や蛇紋岩《じゃもんがん》などの岩石《がんせき》が見《み》られる。ひすいをはじめとする鉱物《こうぶつ》の標本《ひょうほん》が展示《てんじ》された博物館《はくぶつかん》もあり、さまざまな石《いし》を観察《かんさつ》できる。

伊豆半島《いずはんとう》ジオパーク（静岡県《しずおかけん》）

海底火山《かいていかざん》の噴火《ふんか》でできた火山岩《かざんがん》や、溶岩《ようがん》が冷《ひ》えるときに割《わ》れ目《め》が入《はい》った柱状節理《ちゅうじょうせつり》などが見《み》られる。地殻変動《ちかくへんどう》での盛《も》り上《あ》がりや海底火山《かいていかざん》の地層断面《ちそうだんめん》など、プレートの動《うご》きによる地形《ちけい》の変化《へんか》のあとも観察《かんさつ》できる。

阿蘇《あそ》ジオパーク（熊本県《くまもとけん》）

巨大《きょだい》なカルデラや噴火《ふんか》でできた凝灰岩《ぎょうかいがん》が見《み》られる。火口《かこう》では火山《かざん》ガスが出《で》るようすを観察《かんさつ》でき、噴火《ふんか》のあとが残《のこ》る溶岩台地《ようがんだいち》も広《ひろ》がる。火山《かざん》がつくり出《だ》したいろいろな地形《ちけい》や岩石《がんせき》を近《ちか》くで見《み》ることができる。

白滝《しらたき》ジオパーク（北海道《ほっかいどう》）

日本最大級《にほんさいだいきゅう》の黒曜石《こくようせき》の産地《さんち》。黒曜石《こくようせき》は旧石器《きゅうせっき》時代《じだい》の人《ひと》びとが道具《どうぐ》をつくるために利用《りよう》していた。火山《かざん》の噴火《ふんか》でできた黒曜石《こくようせき》の溶岩《ようがん》があちこちで見《み》られるほか、黒曜石《こくようせき》ができる仕組《しく》みや石器《せっき》づくりの歴史《れきし》を知《し》ることもできる。

男鹿半島《おがはんとう》・大潟《おおがた》ジオパーク（秋田県《あきたけん》）

日本列島《にほんれっとう》のでき方《かた》がわかる博物館《はくぶつかん》がある。また、火山灰《かざんばい》や火山礫《かざんれき》が固《かた》まり、熱水《ねっすい》の影響《えいきょう》で緑色《みどりいろ》に変化《へんか》した岩石《がんせき》「グリーンタフ（緑色凝灰岩《りょくしょくぎょうかいがん》）」を観察《かんさつ》できる。このほか、ろうそく岩《いわ》やゴジラ岩《いわ》などの奇岩《きがん》も見《み》ることができる。

佐渡《さど》ジオパーク（新潟県《にいがたけん》）

日本海最大《にほんかいさいだい》の島《しま》で、大昔《おおむかし》の火山活動《かざんかつどう》によってできた岩石《がんせき》でできており、金山《きんざん》と銀山《ぎんざん》がある。島《しま》の中央《ちゅうおう》に平野《へいや》があり、水田《すいでん》が広《ひろ》がっている。せまい範囲《はんい》に多《おお》くの見《み》どころがつまっているのが特徴《とくちょう》。

筑波山地域《つくばさんちいき》ジオパーク（茨城県《いばらきけん》）

筑波山《つくばさん》の山頂《さんちょう》やそのまわりで、斑《はん》れい岩《がん》の奇岩《きがん》が見《み》られる。この奇岩《きがん》は、マグマが冷《ひ》える過程《かてい》でできた割《わ》れ目《め》と、風化《ふうか》や侵食《しんしょく》でけずられてできている。また、花《か》こう岩《がん》と変成岩《へんせいがん》が広《ひろ》く分布《ぶんぷ》していて、変成作用《へんせいさよう》のようすを観察《かんさつ》できる。

さくいん

あ

秋吉台《あきよしだい》……78
秋芳洞《あきよしどう》……78
浅間山《あさまやま》……79
阿蘇《あそ》……169
阿蘇《あそ》ジオパーク……170
アプライト……124
アポイ岳《だけ》……169
アメシスト……158
安山岩《あんざんがん》……15・22・53・115
アンデス山脈《さんみゃく》……59
アンモナイトの化石《かせき》……19・56・145

い

いけず石《いし》……69
石臼《いしうす》……71
石垣《いしがき》……71・77・79
石窯《いしがま》……70
石《いし》けり……104
伊豆半島《いずはんとう》……169
伊豆半島《いずはんとう》ジオパーク……170
石畳《いしだたみ》……68
石段《いしだん》……73
石灯籠《いしどうろう》……73
石《いし》の図鑑《ずかん》……100
石舞台古墳《いしぶたいこふん》……79・125
イシマテ貝《がい》……80
糸魚川《いといがわ》……159・169
糸魚川《いといがわ》ジオパーク……170
岩井崎《いわいさき》……133
岩絵《いわえ》の具《ぐ》……112・162
隕石《いんせき》……62・64

う

宇宙《うちゅう》じん……64
ウルル（エアーズロック）……79
ウレキサイト……28
雲仙《うんぜん》・普賢岳《ふげんだけ》……117
雲母《うんも》……53

え

エチオピア・カルム湖《こ》の岩塩《がんえん》……59

お

黄銅鉱《おうどうこう》……19
大谷石《おおやいし》……131
大谷資料館《おおやしりょうかん》……79
大湯環状列石《おおゆかんじょうれっせき》……79
男鹿半島《おがはんとう》……131
男鹿半島《おがはんとう》・大潟《おおがた》……169
男鹿半島《おがはんとう》・大潟《おおがた》ジオパーク……171
隠岐《おき》……169
鬼押《おにお》し出《だ》し……79
オパール……27・45・161
オンファス輝石《きせき》……141

か

ガーネット……44・139・154
カーリングのストーン……71
外核《がいかく》……41
灰長石《かいちょうせき》……148
海洋《かいよう》プレート……38・40・49
カオリナイト……91・147
カオリン石《せき》……91
角閃岩《かくせんがん》……139
角閃石《かくせんせき》……151・152
角閃石《かくせんせき》グループ……151
角閃石黒雲母花《かくせんせきくろうんもか》こう岩《がん》……123
角礫岩《かくれきがん》……126
花《か》こう岩《がん》……13・15・18・22・35・37・38・40・53・89・122・124
花《か》こう閃緑岩《せんりょくがん》……125
火山活動《かざんかつどう》……48・133
火山岩《かざんがん》……114・160
火山弾《かざんだん》……47
火山灰《かざんばい》……47・130
火山礫凝灰岩《かざんれきぎょうかいがん》……130
火成岩《かせいがん》……38・46・61・114・146
化石《かせき》……56・128・132・144
活火山《かっかざん》……41
滑石《かっせき》……91
カッパドキア……79
要石《かなめいし》……73
下部《かぶ》マントル……41
カリ長石《ちょうせき》……122・147
軽石《かるいし》……21・80
枯山水《かれさんすい》……73
川越街道《かわごえかいどう》……69
カワセミ……141
岩塩《がんえん》……58
眼球片麻岩《がんきゅうへんまがん》……143
岩石《がんせき》……35
かんらん岩《がん》……120
かんらん石《せき》……87・118・153

き

輝石《きせき》……115・118・152

木曽路《きそじ》 69
きつね石《いし》 159
旧石器時代《きゅうせっきじだい》 121
凝灰岩《ぎょうかいがん》 130
玉髄《ぎょくずい》／カルセドニー 14・160
金雲母《きんうんも》 149
金鉱石《きんこうせき》 37
菫青石《きんせいせき》ホルンフェルス 18・136

く

クジャク 162
孔雀石《くじゃくいし》 112・162
くつぬぎ石《いし》 76
グリーンタフ 131
黒雲母《くろうんも》 37・122・142・149
黒御影《くろみかげ》 118

け

珪化木《けいかぼく》 14・57・145
蛍光鉱物《けいこうこうぶつ》 26
ケイ酸《さん》 54
珪藻《けいそう》 135
珪藻土《けいそうど》 135
頁岩《けつがん》 129・140
結晶《けっしょう》 42・48・92
結晶質石灰岩《けっしょうしつせっかいがん》 137
結晶片岩《けっしょうへんがん》 39・49・53・142
月長石《げっちょうせき》 147
煙水晶《けむりすいしょう》 158
原石《げんせき》 43
玄武岩《げんぶがん》 13・15・22・35・38・40・47・114
玄武洞《げんぶどう》 114

こ

碁石《ごいし》 77・140
碁石海岸《ごいしかいがん》 75
広域変成岩《こういきへんせいがん》 138
高温型石英《こうおんがたせきえい》 146
硬玉《こうぎょく》 159
鉱石《こうせき》 37
紅柱石《こうちゅうせき》ホルンフェルス 136
鉱物《こうぶつ》 36・48・92・94・146
黒曜岩《こくようがん》 121
黒曜石《こくようせき》 14・40
コハク 43・144・165
狛犬《こまいぬ》 72
コンクリートはつりハンマー 9・95
コンニャク石《いし》 89

さ

砕屑岩《さいせつがん》 126・127・128
砂岩《さがん》 13・14・19・39・53・80・127
桜石《さくらいし》 18
桜島《さくらじま》 41
ザクロ 86・154
ざくろ石《いし》 86・139・154
さざれ石《いし》 73
砂鉄《さてつ》 23・156
佐渡《さど》 169
佐渡《さど》ジオパーク 170
サヌカイト 115
サファイア 42・44
山陰海岸《さんいんかいがん》 169
サンゴ 43・133・135
サンゴ礁《しょう》 133
サンゴの化石《かせき》 145

し

ジオパーク 168
紫外線《しがいせん》 26・163
敷石《しきいし》 76
磁鉄鉱《じてっこう》 23・114・156
シトリン 158
島原半島《しまばらはんとう》 169
斜長石《しゃちょうせき》 118・122・148
蛇紋岩《じゃもんがん》 14・138
鍾乳石《しょうにゅうせき》 155
上部《じょうぶ》マントル 41・120
昭和新山《しょうわしんざん》 117
白滝《しらたき》 169
白滝《しらたき》ジオパーク 171
ジルコン 157
白雲母《しろうんも》 142・150
辰砂《しんしゃ》 112
真珠《しんじゅ》 43

す

水晶《すいしょう》 53・146・158
すずり 76
ストーンペイント 102
スレート葺《ぶ》き 140

さくいん

非晶質鉱物《ひしょうしつこうぶつ》……161
ひすい……44・159
ひすい輝石《きせき》……141・159
ひすい輝石岩《きせきがん》……141
屏風《びょうぶ》ケ《が》浦《うら》……127
標本箱《ひょうほんばこ》……98・166

ふ

風化《ふうか》……92
福徳岡《ふくとくおか》ノ《の》場《ば》……21
風信子石《ふうしんしせき》……157
普通角閃石《ふつうかくせんせき》……151
普通輝石《ふつうきせき》……152
ブラックライト……27
プレート……44・48・55
プレート（地殻《ちかく》）……40・58・60
プレートテクトニクス……133

へ

へき開《かい》……53・148
へき開面《かいめん》……150・151
ペグマタイト……124
ペリドット……153
ペルー・マラスの塩田《えんでん》……59
偏光顕微鏡《へんこうけんびきょう》……87・167
変成岩《へんせいがん》……39・49・61・136・146
片麻岩《へんまがん》……143
片麻状組織《へんまじょうそしき》……143

ほ

方解石《ほうかいせき》……27・29・137・155
放散虫《ほうさんちゅう》……134
宝石《ほうせき》……42・44・77・94
ポーランド・ヴィエリチカの岩塩坑《がんえんこう》……59
蛍石《ほたるいし》……26・163
ホノホシ海岸《かいがん》……75
ホルンフェルス……39・49・136

ま

まきじゃく……9
マグマ……22・38・40・44・46・60・124・136
マグマだまり……40・44・46・49・60
真砂土《まさど》……122
マスコバイト……150
マントル……40・45・153

み

御影石《みかげいし》……119・122
水切《みずき》り……106
ミニダム……110
宮沢賢治《みやざわけんじ》……30

む

ムーンストーン……147
虫《むし》入《い》りコハク……165
無色鉱物《むしょくこうぶつ》……123
室戸《むろと》……169

め

眼鏡橋《めがねばし》……69
めのう……160

も

モアイ像《ぞう》……67

や

矢《や》じり……121

ゆ

遊色効果《ゆうしょくこうか》……161
有色鉱物《ゆうしょくこうぶつ》……123

よ

溶岩《ようがん》……46・79・80・153
溶岩《ようがん》ドーム……117

ら

ラブラドライト（ラブラドル長石《ちょうせき》）……148
藍銅鉱《らんどうこう》……112

り

リコプテラの化石《かせき》……57
琉球石灰岩《りゅうきゅうせっかいがん》……77
竜《りゅう》ケ《が》岩洞《しどう》……155
流紋岩《りゅうもんがん》……15・18・53・116
両雲母花《りょううんもか》こう岩《がん》……123
緑色凝灰岩《りょくしょくぎょうかいがん》……13・15・131
緑泥石《りょくでいせき》……119・142

る

ルーペ……9
ルチル……158
ルビー……43・44

れ

礫《れき》……126
礫岩《れきがん》……39・126

ろ

ろう石《せき》……91
ローズクオーツ……158
ロードナイト……164
ロックバランシング……108
ロディン岩《がん》……159
露頭《ろとう》……131

監修者プロフィール

柴山元彦《しばやまもとひこ》

自然環境研究オフィス代表、理学博士。ＮＰＯ法人「地盤・地下水環境ＮＥＴ」理事。1945年生まれ、大阪市出身。大阪市立大学大学院博士課程修了。38年間、高校で地学を教える。元大阪教育大学附属高等学校副校長。定年後地学のおもしろさを広めるため「自然環境研究オフィス」を開く。著書は『鉱物・化石探し』(東方出版)、『ひとりで探せる 川原や海辺のきれいな石の図鑑1,2,3』、『3D地形図で歩く日本の活断層』、『自然災害から人命を守るための 防災教育マニュアル』（共著）、『宮沢賢治の地学教室』（いずれも創元社）など多数。

STAFF

写真協力　柴山元彦、株式会社エヌズミネラル、奇石博物館、
国立研究開発法人産業技術総合研究所地質調査総合センター、
中津川市鉱物博物館、山口大学理学部地球科学標本室、
iStock、アフロ、PIXTA、フォトライブラリー
協力　大谷資料館
カバーデザイン　新井大輔
本文デザイン・ＤＴＰ・イラスト　門司美恵子、井林真紀（Chadal 108）
校正協力　有限会社一梓堂
編集協力　株式会社KANADEL、平田雅子、田中真理
編集担当　野中あずみ（ナツメ出版企画）

本書に関するお問い合わせは、書名・発行日・該当ページを明記の上、下記のいずれかの方法にてお送りください。電話でのお問い合わせはお受けしておりません。
・ナツメ社webサイトの問い合わせフォーム　https://www.natsume.co.jp/contact
・FAX (03-3291-1305)
・郵送（下記、ナツメ出版企画株式会社宛て）
なお、回答までに日にちをいただく場合があります。正誤のお問い合わせ以外の書籍内容に関する解説・個別の相談は行っておりません。あらかじめご了承ください。

身近《みぢか》な石《いし》をおもいっきり楽《たの》しむ図鑑《ずかん》

2025年5月7日　初版発行

監修者　柴山元彦《しばやまもとひこ》　　Shibayama Motohiko,2025
発行者　田村正隆
発行所　株式会社ナツメ社
東京都千代田区神田神保町1-52　ナツメ社ビル１F（〒101-0051）
電話　03 (3291) 1257（代表）　FAX　03 (3291) 5761
振替　00130-1-58661
制　作　ナツメ出版企画株式会社
東京都千代田区神田神保町1-52　ナツメ社ビル３F（〒101-0051）
電話　03 (3295) 3921（代表）
印刷所　ラン印刷社

ISBN978-4-8163-7714-3　Printed in Japan